Dreamweaver CC

网页设计 这样学就会的14个

交互表单+ 字体美化+ CSS样式+ HTML编辑 **关键秘技**

郑苑凤 著

U0347384

清华大学出版社
北京

北京市版权局著作权合同登记号 图字：01-2015-2495

本书为荣钦科技股份有限公司授权出版发行的中文简体字版本。

内 容 简 介

本书内容以范例为导向，步骤式学习引导初学者进入Dreamweaver CC的世界，让读者在短时间内熟悉网站建设构建的各项功能技巧与应用。全书共14章，包括网站企划概念、网站建设要领、站点的建立与基本操作、设置文字以强化重点："最新消息"页面设计、加入表格以编排页面："成绩查询"页面设计、图片编排以美化网页："网络艺廊"页面设计、设置超链接以畅通无阻："好站相连"页面设计、网站上传与管理、DIV设置以灵活页面：规划网页区块与按钮区、插入多媒体对象："Flash首页"页面设计、CSS样式效果：CSS样式规划、资源库与模板："讲师介绍"页面设计、增加交互性表单技巧："讨论园地"页面设计、使用行为命令等。

本书语言通俗易懂并配以大量图示，特别适合Dreamweaver新手阅读；有一定使用经验的用户也可以从本书中学到大量高级功能和Dreamweaver CC的新增功能，同时也可作为相关培训班的教材。

图书在版编目（CIP）数据

Dreamweaver CC网页设计：这样学就会的14个交互表单+字体美化+CSS样式+HTML编辑关键秘技 / 郑苑凤著. —北京：清华大学出版社，2015

ISBN 978-7-302-39654-3

Ⅰ. ①D… Ⅱ. ①郑… Ⅲ. ①网页制作工具 Ⅳ. ①TP393. 092

中国版本图书馆CIP数据核字（2015）第059073号

责任编辑：夏非彼
封面设计：王 翔
责任校对：闫秀华
责任印制：李红英

出版发行：清华大学出版社
　　网　　址：http://www.tup.com.cn, http://www.wqbook.com
　　地　　址：北京清华大学学研大厦A座　　　邮　购：100084
　　社 总 机：010-62770175　　　　　　　　　邮　购：010-62786544
　　投稿与读者服务：010-62776969, c-service@tup.tsinghua.edu.cn
　　质 量 反 馈：010-62772015, zhiliang@tup.tsinghua.edu.cn
印 装 者：北京天颖印刷有限公司
经　　销：全国新华书店
开　　本：190mm×260mm　　　印　张：20　　字　数：512千字
版　　次：2015年6月第1版　　　印　次：2015年6月第1次印刷
印　　数：1～3500
定　　价：69.00元

产品编号：063330-01

前　言

从 Dreamweaver 开始出现的那天起，Dreamweaver 就悄悄地改变了许多人设计网站的习惯。一些原本需要耗费多时、且需要编写程序的交互功能，现在只需要利用简单的设计步骤，就可以轻松完成。随着软件设计技术的不断进步，Dreamweaver 每次的改版，都能带给网页设计师许多好用的工具与功能，正因为如此，该软件才能在网站建设领域中独领风骚，一枝独秀。

当大家选择以 Dreamweaver 设计网站开始，就应该有心理准备要迈入多样化的网页设计世界。由于 Dreamweaver 已历经多个版本的发展，软件的界面操作及设计功能都相当完善，让大家可以花费更少的时间去完成更好的网站作品。只要把握网站建设的基本架构原理，配合本书所做的详细解说与引导，就能让大家在网站建设的学习过程中事半功倍。

在 Creative Cloud 版本中，Dreamweaver 软件已做了许多的变动，诸如：原有的 AP DIV、页框组合、Spry 组件等功能已经悄悄地消失，CSS 样式的使用也有所差异；增强的部分则是与其他工具软件的整合，诸如：Edge Animate CC 可快速创建动画，Edge Reflow CC（preview）能配合各种屏幕大小的需要来转化作品，针对作品进行查错则可使用 Edge Inspect CC。而这些软件的建立、管理、整合应用都是通过个人的 Adobe ID 账号来实现，因此用户需要适应一下 CC 的版本。

为了方便新手的学习，在本书的下载文件包中分别放置会使用到的所有文件数据。用户在使用之前，可以先将文件复制到计算机中，并取消其只读属性。其内容包含网站建设的成品、各章的范例以及各章习题的范例文件。

我们秉持严谨的态度来编写本书，无论在写作上还是校对上，都花费了相当多的时间与精力，如果仍有疏漏之处，还请不吝指正。希望任何人在本书的带领之下，都能轻松学会网站的规划与设计制作。

本书中网站建设的成品、各章的范例以及各章习题的范例文件下载地址为：
http://pan.baidu.com/s/1dDH9JDv。

如果有下载问题，请发邮件给 booksaga@126.com，邮件主题为"Dreamweaver CC"。

编者
2015 年 3 月

目录 Contents

第二篇 网页设计基础篇

第 3 章 站点的建立与基本操作

第 4 章　设置文字以强化重点："最新消息"页面设计

第5章　加入表格以编排页面："成绩查询"页面设计

第6章　图片编排以美化网页："网络艺廊"页面设计

第三篇　运用美感决胜：多媒体建设篇

第 9 章　DIV 设置以灵活页面：规划网页区块与按钮区

第 10 章　插入多媒体对象："Flash 首页"页面设计

第 11 章　CSS 样式效果：CSS 样式规划

第四篇　交互、优化及轻松管理网站篇

第 12 章　资源库与模板："讲师介绍"页面设计

第 13 章　增加交互性表单技巧："讨论园地"页面设计

第 14 章　使用行为命令

第一篇

一个网站的建立，并不是只要学会使用 Dreamweaver 就可以完成的。严格来说，Dreamweaver 只能算是网页制作及网站管理的工具，可是网站的主题是什么？页面上的数据要如何配置？各页之间要采用怎样的链接关系？这些都必须在网站开始建立之前就要先规划好，而一个经过详细规划及设计的网站才能算得上是专业的网站。

网站前期规划篇

- ◆ 第 1 章　网站企划概念
- ◆ 第 2 章　网站建设要领

第1章 网站企划概念

内容摘要

在进行网站企划前，首先要对网站中的相关知识、制作流程、网页技术及一些专有名词有初步的认识。现在的网站建设都强调专业分工，若团队中的每一位成员都能掌握上述基本知识，对于团队的合作效率都会有加分的作用。本章将对网站建设流程中的各个部分做重点讲解，以便初次进入网站建设领域的读者有依可循。

教学目标

★ 网站概念：了解网站的基本组成结构
★ 网页界面的组成元素：介绍网页界面的主要组成元素
★ 网站制作流程：规划时期、设计时期、上传时期、维护及更新时期

1-1 网站概念

什么是网站（Website）？简单而言就是用来放置网页及相关数据的地方。当我们使用工具设计网页之前，必须先在自己的计算机上建立一个文件夹，用来存储所设计的网页文档，而这个文件夹就称为"站点文件夹"。

当所有的网页设计完成后，接下来就可以通过因特网连接到我们所设计的网页上进行浏览，此时放置页面的"站点文件夹"就是一个"网站"了。

由此得知，无论我们连接到哪一个网址来浏览网页，其实都是连接到放置网页数据的"站点文件夹"，而放置"站点文件夹"的计算机主机则称为"网站服务器（Web Server）"。如右图所示，便是网站服务器、站点文件夹及网页文档之间的关系。

1-2 网页界面的组成元素

网页界面中的主要组成元素有文字、图片、超链接等项目。其中，文字和图片是用来表达页面中的资料内容，而网站中不可能只有一个页面，此时"超链接"就担负起了各个网页之间串连的工作。

文字、图片与超链接是网页界面的主要组成部分

http://www.cnfm.org.cn/

http://www.toonmax.com/

　　网页效果的技术一日千里，单纯的文字及图片已经无法满足设计及浏览者的需求，背景音乐、flash 动画等多媒体交互式特效是目前网页设计的主流。

仅由 flash 动画表现的首页界面

http://www.allendesignteam.com/

　　"网页"及"首页"也是初学者易于混淆的概念，当浏览者连接到网站时，一定要有一个页面来作为浏览者最先看到的画面，接着再利用此页面中的超链接来继续浏览其他网页界面，这个浏览者最先看到网页称为首页（HomePage），其他的页面则称为网页（Web Page）。

　　所以，"首页"也是一个单纯的网页界面，只是首页具有给浏览者最先接触的特性，因此设计者通常会对首页上的美化及网站主题特别下工夫，以便给人留下良好的第一印象。

名称	内容
网站服务器（Web Server）	放置网站数据且可以提供用户连接浏览的计算机主机
网站（Website）	放置网页数据的地方
网页（Web Page）	显示网站内容的画面
首页（HomePage）	浏览者最先看到的网页界面

1-3 网站制作流程

　　网站制作流程是指从设置主题、数据的收集/分析、建立网站架构、设计网站界面，一直到最后的数据维护/更新……等一系列的步骤。下图即为网站建设的主要流程架构及其细节内容。

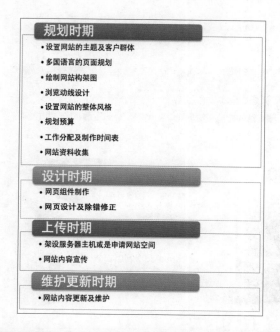

1-3-1　规划时期

规划时期是网站设置的先前作业，无论是个人还是公司网站，都少不了这个步骤。其实网站建设就好比项目制作一样，必须经过事先的详细规划及讨论，然后才能通过团队合作的力量，将网站成果呈现出来。

设置网站的主题及客户群体

"网站主题"是指网站的内容及主题诉求，以公司网站为例，具有在线购物机制或仅提供产品数据查询就是两种不同的主题诉求。

★ 具有在线购物机制的商品网站

http://www.dangdang.com/

★ 仅提供商品数据查询的网站

http://www.lenovo.com.cn/

　　至于"客户群体"可以解释为会进入网站内浏览的主要对象，这就好像商品交易的市场调查一样，一个越接近主客户群的产品，其市场的接受度也就越高。如下图所示，同样的主题，针对一般大众或儿童，所设计的效果就要有所不同。

★ 腾讯儿童网站

http://kid.qq.com/

★ 途牛旅游网网站

http://www.tuniu.com/

其实网站也算是商品的一种，要怎么让网站具有高点击率就是在设计之前的规划重点，虽然我们不可能为了设置一个网站而进行市场调查，但是若能在网站建立之前，先针对"网站主题"及"客户群体"多与客户及团队成员讨论，以取得一个大家都可以接受的共识，必定可以让这个网站更加成功。同时也不会因为网站内容不符合客户的需求，而导致人力、物力及财力的浪费。

多国语言的页面规划

在国际化的趋势下，网站中同时具有中英文的网页界面也是一个设计的主流，若有设计多国语言的需求时，也必须要在规划时期提出，因为产品数据的翻译、图像文件的设计都会额外再需要一些时间及费用，先做好详细规划才不容易发生问题。如果有提供多国语言的设计，通常都会在首页放置选择语言的链接，以方便浏览者做选择。

http://www.ikea.com/

绘制网站架构图

网站架构图是如下图中的组织结构,也可称为是网站中资料的分类方式。我们可以根据"网站主题"及"客户群体"来设计出网站中需要哪些页面来放置数据。

除了应用于网站建设以外，网站架构图同时也是导航页面中链接按钮设计的依据，当用户进入网站之后，就是根据页面上的链接按钮来找寻数据页面，所以一个分类及结构性不完备的网站架构图，不仅会影响设计过程，也会影响到用户浏览时的便利性。

浏览动线设计

浏览动线就像是车站或机场中画在地上的一些彩色线条，这些线条会引导用户到想要去的地方而不会迷失方向。不过网页上的链接就没有这些线条来引导浏览者，此时链接按钮的设计就显得非常重要。

★ 只有垂直链接顺序

此类链接顺序是将所有的导航功能放置于首页界面，用户必须回到首页之后，才能继续浏览其他页面，优点是设计容易，缺点则是在浏览上较为麻烦。如下图所示，箭头就是代表浏览者可以链接的方向顺序。

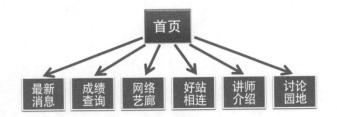

★ 水平与垂直链接顺序

同时具有水平与垂直链接顺序的导航动线的设计，便拥有浏览容易的优点，缺点是设计上较为繁杂。

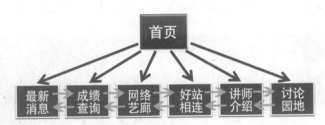

不管大家想要采用哪种设计，都一定要经过详细的讨论与规划，而且除了浏览动线的规划外，在每个页面中都放置可直接回到首页的链接，或是另外设计一个网站目录页面，都是不错的方法。

设置网站的页面风格

页面风格就是网页界面的美术效果，这里可再细分为"首页"及"各主题页面"的画面风格，其中"首页"属于网站的门面，一定要针对"网站主题"及"客户群体"两大需求来进行设计。因为"各个主题页面"是放置网站中的各项数据，所以只要风格和"首页"保持一致，界面不需要太花俏。

另外，各个页面中的链接文字或图片数量则是依据"浏览动线"的设计来决定。在此建议大家先在纸上绘制相关草图，再由客户及团队成员共同决定。

规划预算

预算费用是网站建设中最不易掌控及现实的部分。无论是架设服务器、申请网站空间、图像编辑，还是请专人设计程序、视频动画、数据库等，都是一些必须支出的费用。因此，大家都要将可能支出的费用及明细详细列举出来，以便进行预算费用的掌控。

工作分配及制作时间表

专业分工是目前市场的主流，在设计团队中每个人依据自己的专长来分配网站开发的各项工作，除了可以让网站内容更加精致外，更可以大幅度缩减开发时间。

不过专业分工的缺点就是进度及时间较难掌控，因此在分工完成后，还要再绘制一份开发进度的时间表，将各项设计的内容与进度作详细规划。同时在团队中，也要由一个领导者专门负责进度掌控、作品收集及与客户的协调作业，以确保各个成员的作品除了风格一致外，也可以满足客户的需求。

网站数据收集

以建设一个商品网站为例，商品照片、文字介绍、公司数据及公司 Logo 等，必须均由客户提供。大家可以根据网站架构中各个页面所要放置的数据内容，列出一份详细数据清单，然后请客户提供，此时可以请团队中的领导者随时和客户保持联系，作为成员与客户之间沟通的桥梁。

http://www.mi.com/hezis/

1-3-2 设计时期

设计时期已经进入到网站实践的部分，这里最重要的是后面的整合及除错，如何让客户满意整个网站作品，都会在这个时期决定。

网页组件绘制

在进行页面设计之前，可以先将网页背景图案、链接按钮及视频动画先设计好，最后再进行页面效果组合。其实这个部分就算是各个成员的工作内容，而分工的目的也在于此，每个人因专长的不同来设计网页组件。

页面设计及除错修正

到此步骤才能算是页面设计，也才会真正运用到 Dreamweaver 的设计功能。我们在 Dreamweaver 中新建网站及网页，然后将各个成员设计好的数据在此作整合，以完成整个网站的设置。网站完成后，还必须视客户的意见作修正，以及针对网站中所有的功能内容进行测试，确保整个网站内容都正确无误。因此在先前设计时间表时，要记得将此段测试时间加入到时间表中，免得网站完成后没有时间进行测试。

1-3-3 上传时期

上传时期就单纯许多，这里只是将整个网站内容放置到服务器主机或网站空间上。成本及主机功能是这个时期要考虑的因素，如何让成本支出在允许的范围内，又可以使得网站中的所有功能顺利使用，就是这个时期的重点。

选用网站存放位置

网站完成后，总要有一个"窝"来让浏览者可以进入浏览，目前使用的方式有"自行架设服务器"、"虚拟主机"及"申请网站空间"，其中的差异如下表中的说明。

项目	架设服务器	虚拟主机	申请网站空间
设置成本	最高 （包含主机设备、软件费用、线路带宽和管理人员等多项成本）	中等 （只需负担数据维护及更新的相关成本）	最低 （只需负担数据维护及更新的相关成本）
独立 IP 及网址	可以	可以	附属网址 （可申请转址服务）
带宽速度	最高	视申请的虚拟主机等级而定	最慢
数据管理的方便性	最方便	中等	中等
网站的功能性	最完备	视申请的虚拟主机等级而定，等级越高的功能性越强，但费用也越高	最少
网站空间	没有限制	也是视申请的虚拟主机等级而定	最少
使用在线刷卡机制	可以	可以	无
适用客户	公司	公司	个人

从上表中得知，若以功能性而言，自行架设服务器主机是最佳方案，但是设置所花费的成本也是一笔不小的开销。若以一般公司情况而言，初期采用"虚拟主机"是一个不错的选择，而且可以视网站的需求，选用主机的功能等级与费用，将自行架设服务器主机当作公司中长期的方案。

如下所示的网站，就有提供付费的虚拟主机服务的网站。

http://www.tuidc.com/host/

http://www.cndns.com/cn/hosting/

如果个人学习的话，建议先从免费的网站空间来作为踏入网站建设领域的第一步。由于目前个人视频的盛行，个人网页已渐渐被取代，提供免费空间服务的网站也越来越少，不过还是可以上网搜寻，找到一些适合的免费网站。

网站内容宣传

好的广告及营销手法可以增进商品的市场占有率，可是网站又该如何营销呢？大家可以到各大搜索引擎登录网址，好让浏览者输入搜寻文字时，可以看到我们的网站名称。除此之外，和其他网站交换链接也是个不错的选择，如果网站所属的公司有广告预算的话，那么也可以考虑在百度网站放置广告图片，也是一个最直接的营销手法。

http://huodong.baidu.com/yijiayi/?refer=77634

1-3-4　维护及更新时期

定期对网站做内容维护及数据更新，是维持网站竞争力的不二法门。我们可定期或在特定节日时，改变页面的风格样式，这样可以保持网站带给浏览者的新鲜感。而数据更新就是要随时注意的部分，避免商品在市面上已流通了一段时间后，但网站上的数据却还是旧数据的状况发生。

另外，网站内容的扩充也是更新的重点之一。网站建立初期，其内容及种类都会较为简单。但是时间一久，慢慢就会需要增加内容，让整个网站数据更加的完善。关于这方面，建议大家多去参考其他同类型的网站或是相关数据书籍，勤做笔记与多下工夫，才能真正地让网站长长久久。

课后习题与练习

判断题

1.（　　）首页是指网站中的任一页面。

2.（　　）规划时期是网站设置的前期作业。

3.（　　）网站架构图是网站内容的组织结构。

4.（　　）网页组件的设计，必须在规划时期就要完成。

5.（　　）多国语言的设计，通常都会在首页中做选择。

选择题

1.（　　）下面哪种网站的设置成本最高？

　　　　（A）虚拟主机　　　　　　　　（B）申请网站空间

　　　　（C）租用网站空间　　　　　　（D）自行架设服务器

2.（　　）放置"站点文件夹"的计算机主机称为？

　　　　（A）网页服务器　　　　　　　（B）网站服务器

　　　　（C）网管服务器　　　　　　　（D）网络服务器

3.（　　）垂直链接顺序的优点是？

　　　　（A）设计容易　　　　　　　　（B）浏览容易

　　　　（C）管理容易　　　　　　　　（D）上传容易

4.（　　）下列哪项不是网页界面的主要组成部分？

　　　　（A）文字　　　　　　　　　　（B）图片

　　　　（C）超链接　　　　　　　　　（D）多媒体组件

5.（　　）下列哪项不是网站规划时期的必要工作？

　　　　（A）组件的绘制　　　　　　　（B）规划预算

　　　　（C）绘制网站架构图　　　　　（D）设计浏览动线

填空题

1. 存储网页文档用的文件夹，就称为＿＿＿＿＿＿＿＿。

2. 各个页面之间的连接是利用＿＿＿＿＿＿＿＿。

3. 目前网站空间有＿＿＿＿＿＿＿、＿＿＿＿＿＿＿＿及＿＿＿＿＿＿＿＿3 种方式可以选择。

4. 通常浏览者进入网站时，最先看到的网页界面被称为＿＿＿＿＿＿＿＿。

5. 网站制作流程包括＿＿＿＿＿＿＿、＿＿＿＿＿＿＿、＿＿＿＿＿＿＿、＿＿＿＿＿＿＿4 个步骤。

6. 浏览动线的设计，可设计成＿＿＿＿＿＿＿的顺序，或是以水平与垂直链接的顺序。

第 2 章 | 网站建设要领

内容摘要

　　网站建设是设计作品的一种，除了内容主题的文字之外，同时也要考虑到页面布局及配色的美观性，让每位浏览者都能对设计的网站印象深刻。本章将针对有关页面的内容布局、配色以及一些注意事项做说明，同时也介绍了使用于网页设计的几种图像格式类型，以加强网页设计时的知识。

教学目标

- ★ 页面内容布局：介绍网页浏览的设计风格
- ★ 网页配色概念：了解适用于页面风格的色系
- ★ 网页安全色：网页安全色的由来
- ★ 常用网页图像格式：对 JPG、GIF 与 PNG 等图像格式进行介绍

2-1　页面内容布局

　　页面内容布局是指在整个页面中，各种元素的比重分配与摆放位置。以杂志为例，不同的主题就有不同的编排方式，只要是能呈现主题风格与方便浏览者阅读，就是一个好的编排方式。目前的导航按钮有置于页面上方，也有置于左方的布局。另外，许多的网站由于规划的内容越来越繁复，所以导航按钮摆放的位置，可能左侧和上方都同时存在，只是依其架构区分出主副的主题内容，如下图所示。

将导航按钮置于上方的页面布局

http://www.lib.pku.edu.cn/portal/

将导航按钮置于左侧的页面布局

http://www.hqbpc.com/

上方和左侧都有导航按钮的存在

http://www.12306.cn/mormhweb/

　　有些网站会使用 Flash 来设计商品分类页面，利用 Flash 强大的动态特效来产生，远比单纯使用文字与图片有更好的展示效果。如下图所示，该网页就是通过 Flash 技术制作动态展示。

http://www.dabaoku.com/

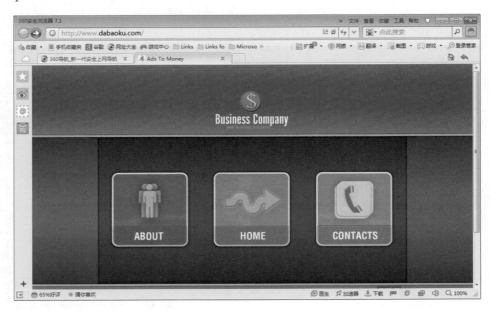

http://www.5iflash.com/fxml/005/

因为智能手机的普及，有些网站也贴心地提供手机版的网页界面，方便手机用户查询。

http://m.taobao.com/

　　在页面内容的分配方面，若以商品网站来看，不外乎是商品类型、特价活动、商品介绍等几大项，我们可以将特价活动放置在页面的最上方，以吸引消费者的目光，也可以在最上方摆放商品类型的导航按钮，以利于消费者搜索商品。如下图所示，是依照不同商品分类摆放的购物网站。

http://www.jd.com/

　　可能会有人觉得，介绍这些与使用 Dreamweaver 有什么关系？这里要与大家理清的概念就是：Dreamweaver 虽然是一套网页设计软件，但它并不能为设计者规划网页的版面效果，它只是提供设计工具让设计者使用，所以，在运用 Dreamweaver 设计网页之前，必须先将页面风格与内容布局规划好，如果这个网站是大家所接的案子，那就更为重要。因为一定要不断地与客户进行沟通，并了解客户的需求，虽然看起来很辛苦但却是值得的，只要各页的内容主题、页面风格与内容布局决定以后，剩下的就几乎是软件的操作。就算是没有设计网站的时候，也可以经常上网去看看，并分析其他网站的页面布局，若是想让自己的设计功力更上一层楼，勤作功课是免不了的。

2-2　网页配色概念

　　其实网页配色这部分早就有人专门在研究，看看怎样的颜色搭配，才能呈现网站风格特性，下面就是一些配色的网站范例。

冷色系给人专业、稳重、清凉的感觉

http://www.octbay.com/

暖色系带给人较为温馨的感觉

http://www.sunnyxipu.com/

色彩鲜艳强烈的配色会带给人较有活力的感觉

http://fl.tg.wan.360.cn/516610001.html?placeid=ty0544

　　另外，在市面上也有一些关于配色的书籍，大家可以参考看看。不过在配色的过程中，也要注意"网页配色"与"页面布局"的一致性，因为配色只是一种辅助及参考，以"专业"特质为配色效果来看，要随着不同的页面布局，而适当地针对配色效果中的某个颜色来加以修正，如果执着于书籍中的配色方式，有可能会得到反效果，所以在配色时要随着调整页面布局的步骤一起进行，如此才能使得页面效果更尽善尽美。

2-3 网页安全色

要介绍"网页安全色"就要从网络的历史谈起，在早期浏览器刚发展时，大部分的计算机还都只是具有 256 色模式的显示环境，而在此模式中，Internet Explorer 及 Netscape 两种浏览器无法在画面上呈现相同的颜色，也就是有些颜色在 Internet Explorer 中看得到，而在 Netscape 中则看不到，为了避免网页图像在设计时的困扰，就有人将这 256 色中，无论是在 Internet Explorer，还是 Netscape 都能正常显示的颜色找出来，而其颜色数就是 216 色，因此一般都称之为"216 网页安全色"。由于现今的显示器都是全彩模式，所以大家也不一定要谨守 216 色的限制。

另外，使用于页面上的颜色值是采用 16 进制的方式，也就是颜色值范围会从 RGB 模式中的（0~255）变为（00~FF）。以红色为例，在美工软件中的颜色值为（255,0,0），改成 16 进制后会变成是（#FF0000）。

图中就是 216 色的色板及其颜色值，不过印刷效果多少会与屏幕上的显示结果有点出入，所以请大家还是要以浏览器上的显示结果为主，而这个色板就作为设计时的参考。

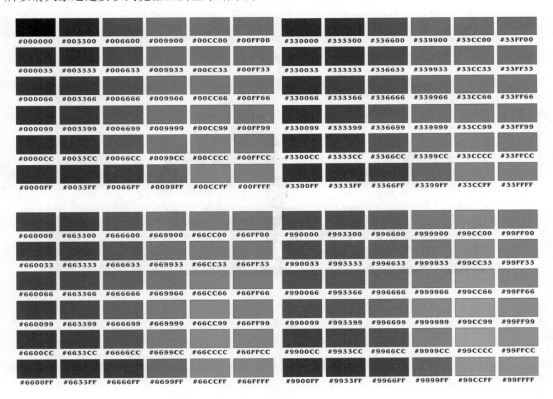

#Cc0000	#Cc3300	#Cc6600	#Cc9900	#CCCC00	#CCFF00	#Ff0000	#Ff3300	#Ff6600	#Ff9900	#FFCC00	#FFFF00
#Cc0033	#Cc3333	#Cc6633	#Cc9933	#CCCC33	#CCFF33	#Ff0033	#Ff3333	#Ff6633	#Ff9933	#FFCC33	#FFFF33
#Cc0066	#Cc3366	#Cc6666	#Cc9966	#CCCC66	#CCFF66	#Ff0066	#Ff3366	#Ff6666	#Ff9966	#FFCC66	#FFFF66
#Cc0099	#Cc3399	#Cc6699	#Cc9999	#CCCC99	#CCFF99	#Ff0099	#Ff3399	#Ff6699	#Ff9999	#FFCC99	#FFFF99
#CC00CC	#CC33CC	#CC66CC	#CC99CC	#CCFFCC	#CCFFCC	#FF00CC	#FF33CC	#FF66CC	#FF99CC	#FFCCCC	#FFFFCC
#CC00FF	#CC33FF	#CC66FF	#CC99FF	#CCCCFF	#CCFFFF	#FF00FF	#FF33FF	#FF66FF	#FF99FF	#FFCCFF	#FFFFFF

2-4　常用网页图像格式

在计算机世界中有着许多不同类型的图像格式，但使用于网页界面上的，一般就只有 JPG、GIF 及 PNG 3 种格式，而针对不同的需求时，这三种格式也有各自的应用时机。

2-4-1　JPG

JPG 也称为 JPEG，是属于一种"破坏性压缩"的图像文件格式。什么是"破坏性压缩"？在因特网刚刚发展的初期，那时候的连接带宽不像现在这么快，为了能够在最短的时间内下载整个网页界面，所以必须要将图像文件进行压缩，而 JPG 图像格式在压缩的过程中，会对图像质量产生破坏的现象，而且压缩的比例越高，图像被破坏的情况越严重。由于网页上的图片大都作为页面效果，而非印刷用，所以只要不太模糊的图像都可以接受。

除了"破坏性压缩"的特性外，JPG 格式的图像还支持全彩颜色，也因为图像中所能呈现的色彩非常丰富，所以只要是属于风景、人物等，需要丰富色彩的网页图像，都是 JPG 格式。

色彩丰富的全彩 JPG 图像

2-4-2　GIF

经常上网浏览的人应该都见过网页上某些具有动画效果的小图标，而此种图像类型就是 GIF 格式。能产生动画效果是 GIF 图像的特性之一，它可以在一个文件之中包含多张图像，然后利用连续的重复显示，以达到动画效果。

那为何网页上的 GIF 图像都是小图标或符号而非风景、人物等大型图像呢？那是因为

GIF 格式的图像文件中，最多只能有 256 色，无法像 JPG 格式一样具有全彩颜色的特性。

　　除了可以产生动画效果之外，GIF 格式还有一项 JPG 所没有的特性，那就是"透明"效果。在 GIF 格式的图像中，可以将文件中的特定颜色调整为透明，让 GIF 图像能够与网页的背景完美融合在一起。因此，虽然 GIF 格式只有 256 色，但凭着动画及透明效果，也能在网页图像中占有一席之地。

简单的插图、卡通图样，都适合使用 GIF 图像格式来存储

2-4-3　PNG

　　PNG 格式几乎包含了 JPG 与 GIF 两种格式的特点。

　　它是一种图像压缩格式，它采用的是非破坏性压缩，所以压缩之后的文件容量会比 JPG 大。

　　PNG 格式也具有全彩颜色的特点，因此使用于风景之类，需要丰富色彩的图片也没有问题，它还支持和 GIF 格式相同的透明效果，可以说是除了动画效果以外，几乎全都包含了。

　　由于 JPG 与 GIF 出现较早，大多数浏览器都支持，所以很多人习惯使用这两种格式来编排网页图案，不过 PNG 格式已渐渐受到设计师们的青睐，被使用率也越来越高。

课后习题与练习

判断题

1.（　　）Flash 的动态特效，会比使用文字与图片更具有展示效果。

2.（　　）暖色系的网页非常具有专业风格。

3.（　　）页面内容布局是指在整个页面之中，各种页面元素的比重分配与摆放位置。

4.（　　）PNG 格式具有 JPG 与 GIF 两种格式的优点。

5.（　　）PNG 格式在压缩后，通常文件会比 JPG 格式的大。

选择题

1.（　　）网页安全色共有多少颜色？

　　（A）256 色　　　　　　（B）216 色　　　　　　（C）全彩　　　　　　（D）65536 色

2.（　　）具有动态效果的网页图像格式是：

　　（A）JPG　　　　　　（B）GIF　　　　　　（C）SWF　　　　　　（D）PNG

3.（　　）颜色数最少的网页图像格式是：

   （A）GIF   （B）PNG   （C）JPG   （D）SWF

填空题

1. 使用于网页上的图像格式主要有 3 种，分别为_____、_____、_____。

2. 具有压缩特性网页图像格式为_____、_____。

3. 使用于页面上的颜色值，是采用_____进制来表示。

问答题

1. 请列举 GIF 图像格式的特点？

2. 何谓网页安全色？

网页设计基础是指网页内容制作，其中包含了文字、图片、表格及超链接等重要的操作功能。同时本篇也是前面介绍内容的实际操作，先了解网页设计的一些常识及原理后，再搭配功能的学习，以便将理论与实战合二为一。

第二篇

网页设计基础篇

第 3 章 站点的建立与基本操作

内容摘要

这里会带领大家先从了解 Dreamweaver 的特性开始，除了让大家具备创建站点的能力外，同时也能够熟悉 Dreamweaver 的操作环境。

教学目标

★ 认识 Dreamweaver：启动 Dreamweaver，并了解 Dreamweaver 的工作环境

★ Dreamweaver 的面板操作：面板的显示 / 隐藏、展开 / 折叠面板、使用面板菜单、新建工作区、插入面板的类型切换

★ 以 Dreamweaver 建立站点：新建站点、站点管理、多个站点的切换、站点导入方式、新建 Business Catalyst 站点

★ Dreamweaver 的基本操作：新建网页文档 / 文件夹、网页文档的打开与编辑、切换页面的编辑模式、设置页面编码方式、设置页面字体大小 / 标题文字、设置页面背景、新建流体网格布局、建立 jQuery Mobile 起始页面、使用 jQuery Mobile 色板

★ 以站点架构图建立网页文档：建立站点中的所有网页文档

★ 设置预览画面的浏览器：新建浏览器软件来预览画面

★ 相对路径与绝对路径：了解文件存储时的路径概念

★ Creative Cloud 账户管理（新建功能）：账户管理与同步设置

3-1　认识 Dreamweaver

Adobe Dreamweaver 是用来设计、开发、维护站点及网页的应用程序，是当前许多人使用的网页设计软件，由于它的功能强大，同时具备视觉设计与程序开发功能，因此适合设计人员及开发人员使用。

3-1-1　启动 Dreamweaver

Dreamweaver 提供网页规划、设计到管理的全方位功能，兼顾设计与程序开发，是制作网页时的不二之选。提供"所见即所得"的可视化环境，设计阶段即能准确掌握呈现效果。软件的强大设计功能，让网页设计人员轻易摆脱 HTML 原始代码的限制，以最快的时间做出具有专业水平的站点。从"开始"菜单执行"Adobe Dreamweaver CC"命令，即可启动 Dreamweaver 程序。

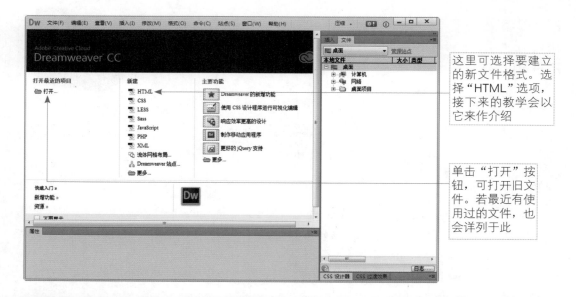

这里可选择要建立的新文件格式。选择"HTML"选项，接下来的教学会以它来作介绍

单击"打开"按钮，可打开旧文件。若最近有使用过的文件，也会详列于此

3-1-2 认识 Dreamweaver 的工作环境

在"新建"下选择"HTML"选项，建立第一个 HTML 文件后，就会进入 Dreamweaver 的工作界面。在开始操作软件之前，让我们先熟悉一下工作环境。

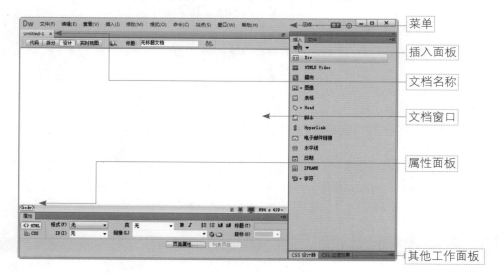

菜单

插入面板

文档名称

文档窗口

属性面板

其他工作面板

菜单

放置 Dreamweaver 各项编辑命令的区域，不过许多功能命令可通过鼠标右键所显示的快捷菜单来执行。

插入面板

插入面板用来插入各式各样的网页组件，面板上的每一个图标都代表着一种元素，只要单击面板中的功能图标，就可以将相关组件放置到网页上。至于插入面板的打开与隐藏，可通过选择"窗口 / 插入"命令来切换。

文档窗口

文档窗口是网页内容的编辑区域，设计出来的网页画面与实际浏览时所呈现的效果几乎一模一样。

默认状态会在文档名称下方显示"文档工具栏"，包含"代码"、"拆分"、"设计"、"实时视图"及"文件标题"、"文件管理"等按钮。另外，Dreamweaver 还提供了"标准工具栏"，包含"新建"、"打开"、"存储文件"、"全部存储"及"剪切"、"拷贝"、"粘贴"、"还原"、"重做"等快速工具，若要显示"标准工具栏"，可选择"查看 / 工具栏 / 标准"命令。

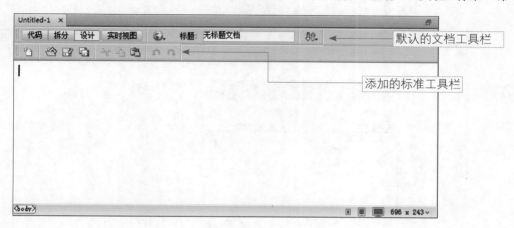

属性面板

可对页面中的各种元素进行调整及编辑。当在页面上单击不同的网页元素时，属性面板也会对应显示不同的属性。执行"窗口 / 属性"命令可决定是否显示属性面板。

其他工作面板

其他工作面板则是放置各种类型的辅助编辑面板，画面上所看到的"CSS 设计器"、"CSS 过渡效果"、"文件"等面板，都是 Dreamweaver 默认启动的工作面板。

3-2　Dreamweaver 的面板操作

除了"插入"面板外，Dreamweaver 中的各个面板也是设计网页时的重要工具。因此，先熟悉 Dreamweaver 的面板操作，才能在编辑网页时得心应手。

3-2-1　显示与隐藏面板

Dreamweaver CC 版本已经将面板做了很大的精简，当前只将常用的面板显示出来，而所有的面板可通过"窗口"菜单来打开或隐藏。单击"窗口"菜单，即可在弹出菜单中选择想要打开的面板名称。如果面板名称之前出现 ✓ 标志，就表示该面板当前是开启状态。

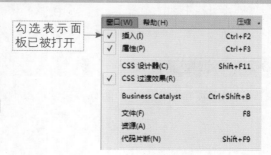

一个群组里可能会同时包含两个面板，可利用"标签"来进行切换。如下图所示，当前群组中包含了"插入"及"文件"两个面板。

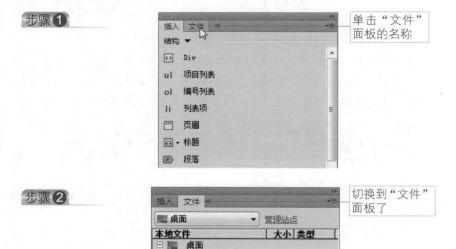

步骤❶　　　　　单击"文件"面板的名称

步骤❷　　　　　切换到"文件"面板了

3-2-2　展开与折叠面板

为了加大编辑画面的空间，我们可以适时对面板进行收合。想要展开或折叠面板，可单击面板右上角的 ▶▶ 按钮，即可对面板进行展开或折叠。

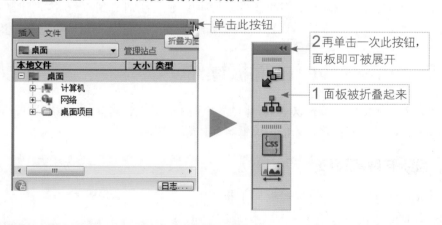

单击此按钮

2 再单击一次此按钮，面板即可被展开

1 面板被折叠起来

3-2-3　调整面板大小

利用面板与工作区之间的分隔线，可以调整面板的高度及宽度。

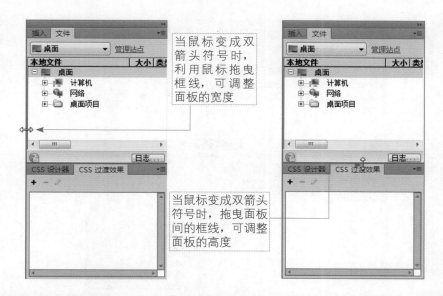

3-2-4　使用面板菜单

单击面板右上角的 ▼≡ 按钮，会弹出面板菜单，不同的面板有其专属的菜单内容。如下图所示为"文件"面板的菜单。

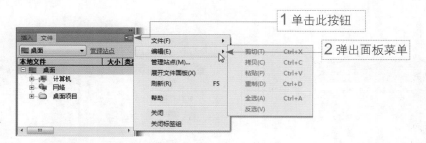

3-2-5　新建工作区

在 Dreamweaver CC 版本中，工作区已做了变动，当前菜单中提供"精简"与"展开"两种版面配置，大家也可以根据个人喜好来自定义新的工作区。可先调整好适合自己工作习惯的面板位置，然后从"窗口"菜单中选择"新建工作区"命令，在弹出的"新建工作区"对话框中输入自定义的工作区名称。

步骤 ❶

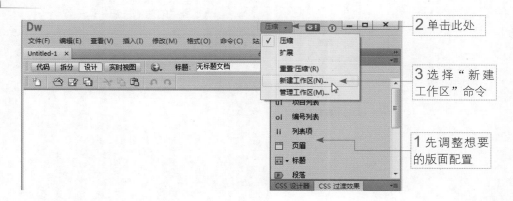

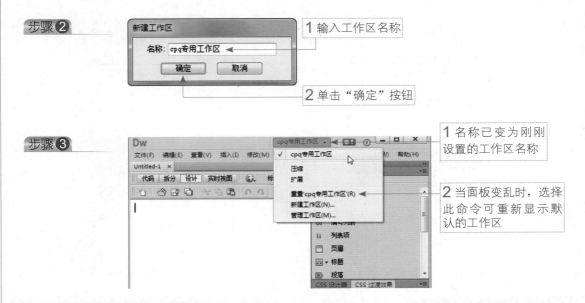

步骤 2
新建工作区
名称: cpq专用工作区
确定   取消

1 输入工作区名称
2 单击"确定"按钮

步骤 3

1 名称已变为刚刚设置的工作区名称

2 当面板变乱时，选择此命令可重新显示默认的工作区

3-2-6 切换"插入"面板的类型

"插入"面板是编写网页时最常用的面板，由于可以插入的元素类型非常多，因此这里说明一下。

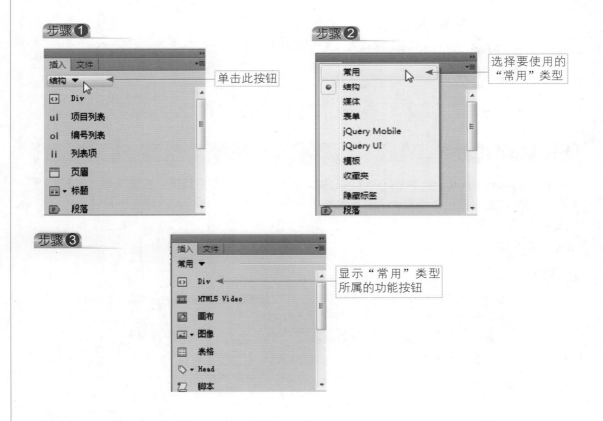

步骤 1
插入 文件
结构 ▼
⟨⟩ Div
ul 项目列表
ol 编号列表
li 列表项
页眉
标题
段落

单击此按钮

步骤 2
常用
结构
媒体
表单
jQuery Mobile
jQuery UI
模板
收藏夹
隐藏标签
段落

选择要使用的"常用"类型

步骤 3
插入 文件
常用 ▼
⟨⟩ Div
HTML5 Video
画布
图像
表格
Head
脚本

显示"常用"类型所属的功能按钮

3-3　以 Dreamweaver 建立站点

　　"建立站点"是在 Dreamweaver 中设计网页的首要步骤，我们必须要在硬盘中建立一个用来放置所有网页内容的文件夹，然后利用 Dreamweaver 来对此文件夹进行管理。利用 Dreamweaver 在本机建立站点的方式相当简便、快速，只要简单的几步，便可完成设置。

3-3-1　开始建立站点

　　先在硬盘中（以 C 磁盘驱动器）新建一个名为"education"的文件夹，同时在此文件夹下新建一个名为"images"的子文件夹，这个"images"子文件夹将要用来放置站点中的所有图片文件。

　　接着执行菜单上的"站点 / 新建站点"命令，然后依照以下步骤来完成站点的建立。

本书范例的站点文件夹

步骤 ❶

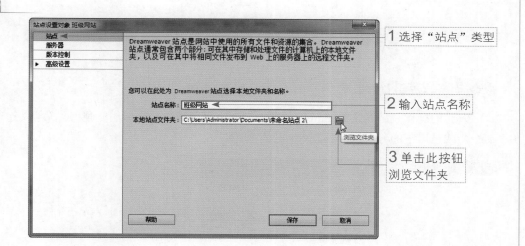

1 选择"站点"类型

2 输入站点名称

3 单击此按钮浏览文件夹

步骤 ❷

1 选择刚刚设置的文件夹

2 单击此按钮选取文件夹

步骤 ❸

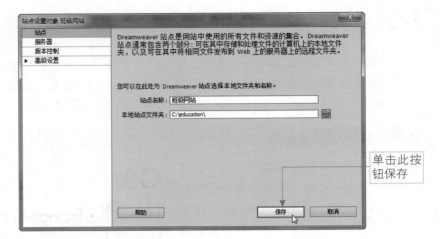

单击此按
钮保存

步骤 ❹

成功建立新站点后，
会在"文件"面板
中出现站点信息

3-3-2 站点的管理

上述的操作是用来在 Dreamweaver 中新建站点，新建站点后还能利用"站点 / 管理站点"
命令，或是以下的方式来对站点内容进行管理。

步骤 ❶

执行"站点 / 管理站点"命令，
或在"文件"面板中单击此按钮，
选择"管理站点"命令

步骤 ❷

弹出"管理站
点"对话框

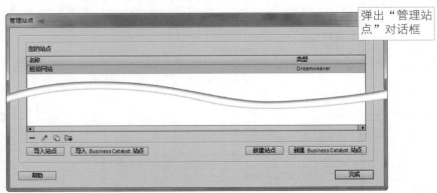

对该对话框中各个按钮的功能说明如下。

图标	功能说明
<kbd>−</kbd>	删除当前选取的站点。它会移除菜单中的站点数据，不过这里的移除只是将站点文件夹和 Dreamweaver 的关联移除，站点内的所有文件并不会从计算机中删除
<kbd>✏</kbd>	编辑当前选取的站点。弹出"站点设置"对话框，可重新调整站点的名称或文件夹位置
<kbd>▣</kbd>	复制当前选取的站点。用来复制单击的站点文件，减少站点开发的时间。
<kbd>➡</kbd>	导出当前选取的站点。会将选取的站点保存成站点定义文件（扩展名为 .ste）
导入站点	从 Dreamweaver 的站点定义文件（.ste）导入站点
新建站点	建立新站点。作用和前面的"站点 / 新建站点"功能相同
新建 Business Catalyst 站点	选取此功能，必须利用网络连上服务器，输入个人的 Adobe ID 和密码后，才可建立站点（第 3-3-5 小节中将有详细说明）
导入 Business Catalyst 站点	将服务器上的 Business Catalyst 站点导入进来

3-3-3　多个站点之间的切换

在 Dreamweaver 中可以新建及管理一个以上的站点文件，但同一时间只能对一个站点进行管理和编辑，如下图所示，在下拉菜单中即可进行站点的切换。

3-3-4　站点的导入方式

如果计算机中已有现存的站点资料，可以利用 新建站点 按钮将整个站点文件夹添加进来进行管理；如果是站点定义文件（.ste），则可利用 导入站点 按钮导入。导入站点定义文件的方式如下：

步骤 **1**

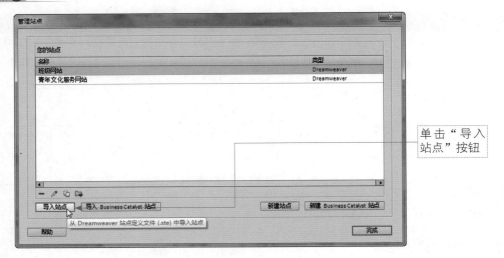

单击"导入站点"按钮

步骤 **2**

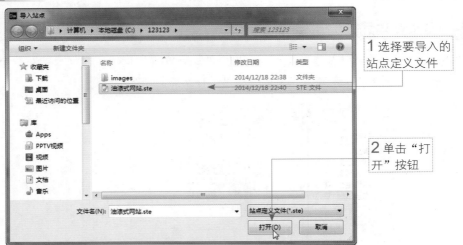

1 选择要导入的站点定义文件

2 单击"打开"按钮

步骤 **3**

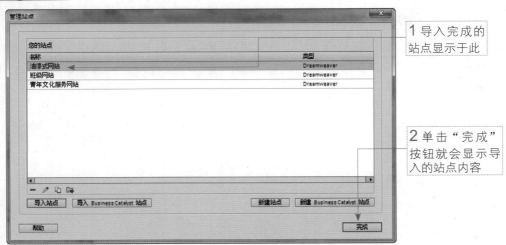

1 导入完成的站点显示于此

2 单击"完成"按钮就会显示导入的站点内容

3-3-5 建立 Business Catalyst 站点

"Business Catalyst 站点"主要是直接从 Dreamweaver 中建立暂时性的站点。在"管理站点"对话框中单击 [新建 Business Catalyst 站点] 按钮，即可按照如下步骤来建立试用站点，不过必须要有 Adobe ID（电子邮件地址）和密码，才能连接到服务器。如果连接成功并完成站点的建立，那么从 Dreamweaver 中执行"窗口 /Business Catalyst"命令，将会显现 Business Catalyst 面板的相关模块，如此一来，才能存取产品目录、博客和社交媒体整合、在线商店等丰富功能。此整合性功能可以让在 Dreamweaver 的本机文件与 Business Catalyst 站点中的文件内容能够顺畅地运行。

步骤 ①

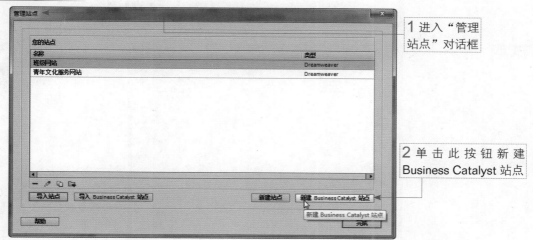

1 进入"管理站点"对话框

2 单击此按钮新建 Business Catalyst 站点

步骤 ②

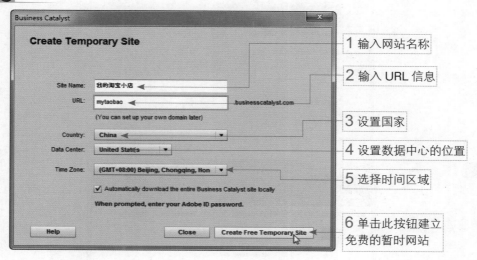

1 输入网站名称

2 输入 URL 信息

3 设置国家

4 设置数据中心的位置

5 选择时间区域

6 单击此按钮建立免费的暂时网站

步骤 ❸

1 选择站点的本机文件夹位置

2 单击此按钮打开文件夹

步骤 ❹

单击此按钮选择

步骤 ❺

1 输入个人密码

2 单击此按钮确定

步骤 ❻

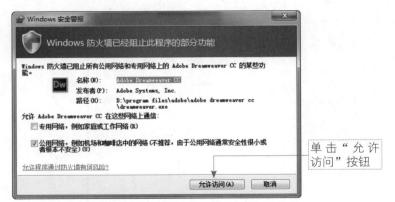

单击"允许访问"按钮

步骤 ❼

单击"确定"按
钮下载整个站点

步骤 ❽

稍等片刻，计算
机正从 Adobe 服
务器中下载数据

步骤 ❾

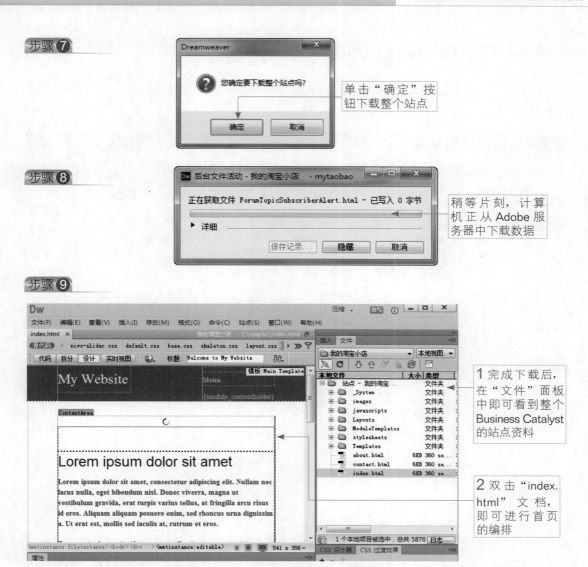

1 完成下载后，
在"文件"面板
中即可看到整个
Business Catalyst
的站点资料

2 双击"index.
html"文档，
即可进行首页
的编排

执行"窗口 /Business Catalyst"命令，即可在连接的情况下，进行各种模块的使用。

3-4 Dreamweaver 的基本操作

站点文件夹是网页的窝，因此完成了站点新建后的下一步，就是要建立站点中的网页文档及文件夹。

3-4-1 新建网页文档

要在站点中新建网页文档及文件夹，可以利用"文件"面板来进行。一般站点首页所使用的文档名称通常为"index.html"，这里我们以前面建立的"班级站点"来做说明。

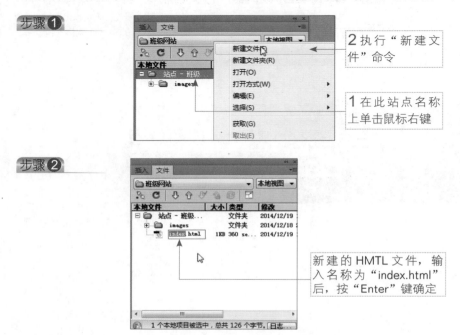

也可以执行"文件/新建"命令来新建网页文档，并且在"新建文档"对话框中选用文件类型。不过采用此方式新建文件时要记得执行存盘动作，并且在存盘的过程中设置文件名称。

3-4-2 新建站点文件夹

站点文件夹的建立方式和网页文档相同，利用文件夹来分类站点数据，是对站点内容进行管理的第一步。

步骤 ❶

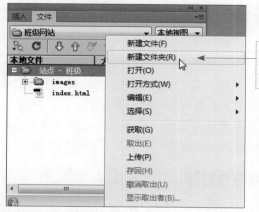

在网站根目录上单击鼠标右键，并在弹出的快捷菜单中执行"新建文件夹"命令

步骤 ❷

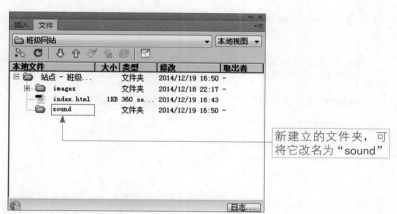

新建立的文件夹，可将它改名为"sound"

大家是否注意到，在前面建立"education"文件夹时也同时建立了"images"子文件夹来作为放置图片之用，而这里又介绍了建立文件夹的方式，到底哪个才是正确的方式呢？事实上，在规划站点架构时，并不是只有将页面的链接关系设计出来而已，而是需同时规划各种数据的存放位置，像"images"子文件夹用来放置图片，"sound"子文件夹则用来放置音乐，这些都是规划站点架构时要同时考虑的。因此，大家可以在硬盘中建立站点文件夹的时候就一并建立完成，或是等后面有其他需要时再利用"文件"面板来新建。

3-4-3 新建网页或文件夹的注意事项

在自己熟悉的 Windows 环境中进行网页设计，不会觉得文件及文件夹的名称会有什么问题，但由于最后要将整个站点数据上传到站点服务器（WebServer），所以此时就要注意名称上的问题，以避免系统的不同而导致浏览时的错误。

不要使用中文文件名

大部分的站点服务器主机还是使用英文系统，此时若使用中文文件名会产生系统处理上的问题，而发生无法浏览的情况。除了不要使用中文名称外，全角的数字、空格及特殊符号也不要使用。

采用小写的英文字母

有些系统会区分大小写的英文字母，为了避免不必要的问题产生，一律使用小写英文是最好的方式。

站点文件夹部分

在 Windows 系统中的"桌面"及"我的文件"也是属于中文名称，所以也不能在此处建立站点文件夹，否则在使用浏览器预览时可能发生错误。

不只是网页文档及文件夹需要注意以上的要求，就连站点中的其他文件如音效、图片及视频影片等，都要遵守上述原则，如此可以避免许多不必要的麻烦。

3-4-4　网页文档的编辑与打开

"文件"面板是 Dreamweaver 的网页文档管理中心，任何的文件编辑及打开都可以利用此面板来进行。针对网页的编辑，以下为大家示范文件的剪切、拷贝、粘贴、删除及重命名等操作。

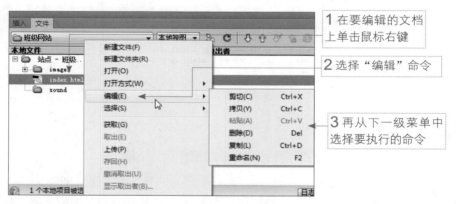

1 在要编辑的文档上单击鼠标右键

2 选择"编辑"命令

3 再从下一级菜单中选择要执行的命令

同样地，文件的打开也是利用"文件"面板来进行。

步骤❶

在文件名称上双击，即可打开文件

步骤 ❷

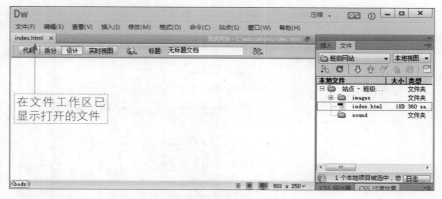

如果工作区有多个网页被打开，可以通过文件上方的标签来进行切换，如下图所示。

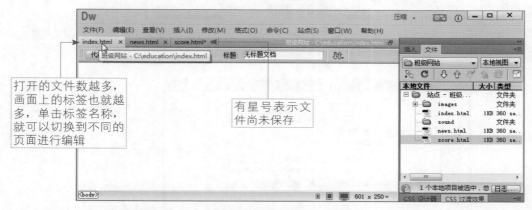

要注意的是，文件的标签名称上如果看到星号（*），表示这个网页文档的内容有经过编辑修改，同时尚未存储，只要对此文件进行存储动作后，星号就会自动消失。

3-4-5　切换页面的编辑模式

不同的设计者就有不同的使用需求，在 Dreamweaver 里提供了 3 种页面内容的编辑模式，让各阶层的设计者都能找到适合的编辑方式，而这 3 种模式可通过文档工具栏左侧的 3 个按钮来做切换。如果没有看到文档工具栏，可执行"查看 / 工具栏 / 文档"命令，即可打开。

- ★　"设计"模式：使用与文书软件相同的方式来编排页面。
- ★　"代码"模式：以撰写程序代码的方式来设计页面。
- ★　"拆分"模式：会将页面左右拆分为"设计"与"代码"两种编辑环境，用户可同时对照编辑内容。

3-4-6　设置页面的编码方式

在进行页面编辑之前，有些设置是要事先调整好的，如此才能避免事后修改的麻烦，同时节省站点开发的时间。在默认情况下，Dreamweaver 会自动将新建的网页文档都设置为

"Unicode"，若需要编排特定语系的网页，可执行"修改/页面属性"命令，并在下图中做设置。

1 选择"标题/编码"的分类

2 默认值是选用"Unicode(UTF-8)"，也可自行选择特殊的编码方式

上述的更改方式只针对单一页面，若要更改整个站点的默认语系，可执行"编辑/首选项"命令来做设置。

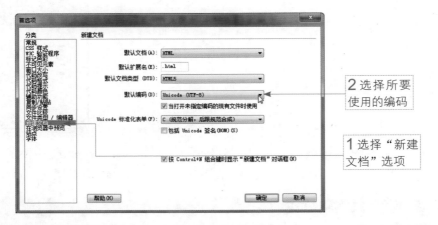

2 选择所要使用的编码

1 选择"新建文档"选项

3-4-7　设置页面字体大小

想要预先设置整个站点页面的字体大小，可执行"编辑/首选项"命令，在这里设置后，就不用一个个页面分别修改了。

2 在此修改字体大小

1 先选择"字体"

如果是要调整特定页面的字体大小默认值,可执行"修改 / 页面属性"命令。

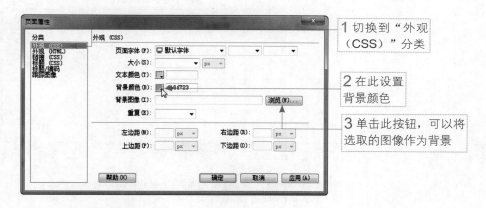

3-4-8 设置页面背景

针对网页的背景效果,可以使用"单色"及"图像文件"两种方式,在二者同时使用的情况下,则会以"图像文件"为优先显示。执行"修改 / 页面属性"命令,可以利用 CSS 样式或 HTML 来设置网页的"外观",二者择其一使用即可。

以 CSS 样式进行外观设置

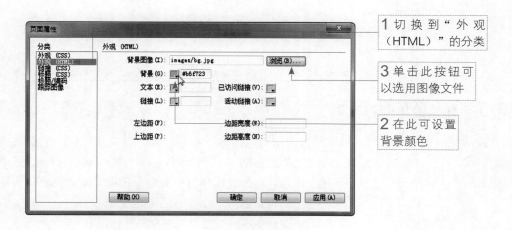

以 HTML 标签进行外观设置

3-4-9 设置页面标题文字

页面标题文字是显示于浏览器窗口左上角的标题文字。

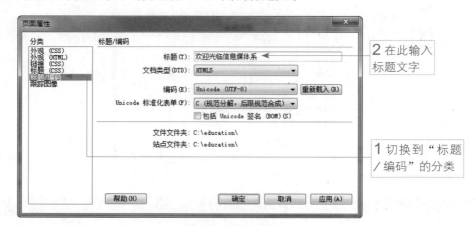

2 在此输入标题文字

1 切换到"标题／编码"的分类

也可以在文档工具栏上输入标题文字，当以浏览器浏览网页内容时，就可以在浏览器的标题栏上看到标题文字，这样还有一个好处，就是当网页上传后，就有较高的机会被搜索引擎搜到。

步骤❶

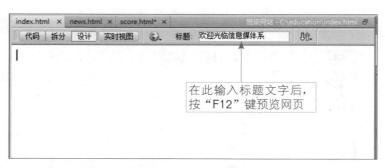

在此输入标题文字后，按"F12"键预览网页

步骤❷

设置的标题文字显示于此

3-4-10 新建流体网格布局

"流体网格布局"是当前建设网页的趋势，因为不管是一般的台式计算机、平板电脑还是智能手机，都会自动调整版面及内容，使适应用户的查看设备。要在 Dreamweaver 中使用"流体网格布局"，可执行"文件／新建"命令，选择"流体网格布局"选项，就会自动建立并依

照百分比例来响应不同画面大小的 CSS 版面。

步骤 1

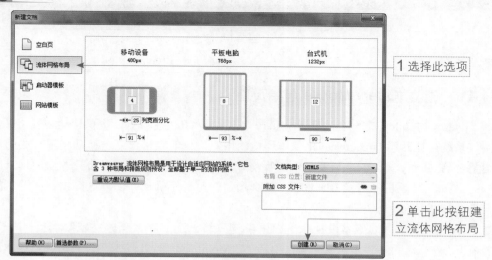

1 选择此选项

2 单击此按钮建立流体网格布局

步骤 2

1 输入样式表名称

2 单击"保存"按钮离开

步骤 3

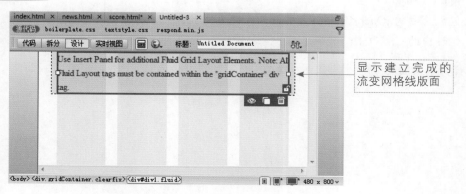

显示建立完成的流变网格线版面

建立流体网格布局后，通过窗口下方的 📱、📱*、🖥️* 3 个按钮就可以切换版面。

图标	意义
📱	移动电话大小（480×800）
📱	平板电脑大小（768×1024）
🖥️	桌面大小（1000 宽）

3-4-11　建立 jQuery Mobile 起始页面

"jQuery Mobile"是一套建立于 jQuery 与 jQuery UI 的基础上，提供移动装置跨平台的用户接口系统，让熟悉 Dreamweaver 工作环境的用户，也能轻松建立与移动装置有关的设计。利用整合的 jQuery Mobile，只要简单的行动开发流程，即可快速针对装置建立项目。而通过 iPhone、Android 手机，以及 Blackberry 仿真器，即可进行确认并了解这些设备在默认的浏览器上是否可以正确执行。

在 Dreamweaver CC 版本中执行"文件 / 新建"命令后，可在"新建文档"对话框中选择"启动器模板"选项，再在"示例文件夹"中选择"Mobile 起始页"的选项，然后选择样本页面。

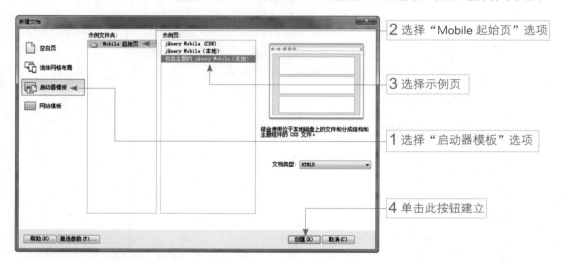

样本页面共有以下 3 种。

★ jQuery Mobile（CDN）：使用位于远程服务器的文件。

★ jQuery Mobile（本地）：使用位于本机磁盘上的文件。

★ 包含主题的 jQuery Mobile（本地）：使用位于本机磁盘的文件搭配分散在结构和主题组件中的 CSS 文件。

选择样本页面的类型后，单击 创建 (R) 按钮，即可显示如下图所示的网页版面。

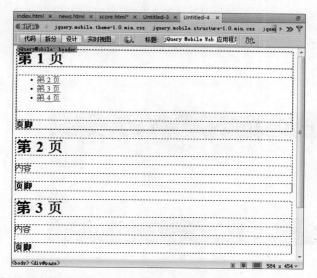

jQuery Mobile 的网页主要是以 page 为组成单位，虽然一个 HTML 文件中可以放多个页面（Page），不过每次只会显示一个页面。如果内容较多，为了减少用户的等待时间，通常都会将内容分散在各个页面，然后以超链接的方式提供用户依需求单击并下载。因此，大家会看到如上图所示的版面切割效果与超链接。

3-4-12　使用 jQuery Mobile 色板

在建立并存储 jQuery Mobile 起始页面后，接下来就可以利用"窗口 /jQuery Mobile 色板"命令，来打开并预览 jQuery Mobile 的所有色板。编辑前必须先存储文件，才能预览色板，然后只要将色板分别应用至标题、菜单、按钮及其他元素上就可以了，按"F12"键即可打开浏览器来预览效果。

步骤 ❶

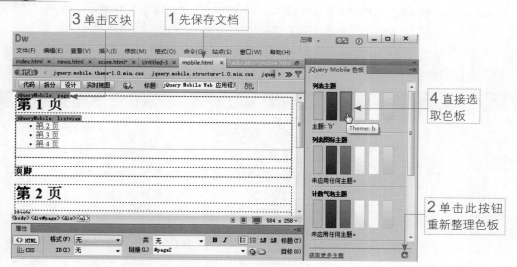

步骤 **②**

存储文件后按"F12"键，即可打开浏览器，看到如左图的画面

3-5　以站点架构图建立网页文档

对于 Dreamweaver 的基本操作有所认识后，接下来要根据本书范例"班级站点"的站点架构图，来完成所有网页文件的新建。下面是站点的架构图及新建文件的列表，大家可自行利用"文件"面板来完成所有网页文件的新建。

站点架构图

网页文档的命名

文件名称	页面内容	介绍章节
news.html	最新消息页面	第 4 章
score.html	成绩查询页面	第 5 章
graphic.html	网络艺廊页面	第 6 章
links.html	好站相连页面	第 7 章
teacher.html	讲师介绍页面	第 14 章
index.html	首页页面	第 11 章
form.html	讨论园地页面	第 15 章

新建的文件列表

任何的网页设计，最后都会以浏览器来浏览，不过我们可以选择在 Dreamweaver 软件中实时预览，也可以在 IEXPLORE 中预览。

单击"实时视图"按钮，可在 Dreamweaver 中实时预览效果

单击此按钮，执行"预览方式：360se6"命令，可打开浏览器预览（或按"F12"键）

如果预览网页时出现"找不到网页"的信息，大部分的原因都是出现在"站点文件夹"的路径，或是网页文档中包含有中文名称。反之，若是页面显示正常但是图片错误，有可能是使用的图片具有中文文件名。

3-6 设置预览画面的浏览器

不同的浏览器对于网页效果支持程度都不尽相同，如果想要降低设计时的效果误差，最好的方式是多安装几套浏览器软件，然后看看每一个浏览器中的页面显示效果，以作为修正的依据。

在 Dreamweaver 中按下"F12"键时，默认启动的浏览器是"360se6"，也可以更改成为其他浏览器软件以方便浏览作业。在文档工具栏上单击 按钮，并执行"编辑浏览器列表"命令，即可进入如下图所示的对话框来设置其他的浏览器程序。

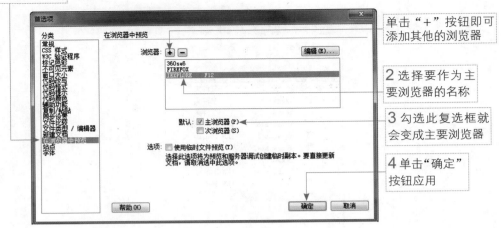

1 选择此分类

单击"＋"按钮即可添加其他的浏览器

2 选择要作为主要浏览器的名称

3 勾选此复选框就会变成主要浏览器

4 单击"确定"按钮应用

3-7　相对路径与绝对路径

在后面的章节里，加入页面元素及超链接是必要的操作过程，这时就会遇到文件及链接路径的问题，为了让大家不会因为在加入图片及链接时所出现的窗口或对话框感到困扰，先对"相对路径"和"绝对路径"这两个概念来加以说明。

3-7-1　图片与路径的关系

由于 Dreamweaver 是采用网页界面及图片分开设计的方式，图片的来源位置并不一定会在站点文件夹之中，而是位于计算机中的其他文件夹。在这种情况下，如果我们将图片加入到页面中时，就会看到如右图所示的对话框。

如果单击 是(Y) 按钮，则 Dreamweaver 会询问"您愿意将该文件复制到根文件夹中吗？"（在此以站点中的"images"文件夹为例）。

1 指定图片文件在站点文件夹中的存盘位置

2 输入文件名称

3 再单击此按钮存储文件

而在"属性"面板中也会显示图片文件位置，因为当前编辑的页面与存放图片的"images"文件夹都是"相对于"站点文件夹下，所以不需要特别去指定图片文件的正确路径位置"C:\education\images\bg.jpg"，只要注明"images\bg.jpg"，Dreamweaver 就能判断图片文件的正确位置，以上的概念就是"相对路径"。

这里会显示图片文件的"相对位置"

反之，若单击 否(N) 按钮，Dreamweaver 则不会将图像复制一份到站点文件夹中，同时也要在"属性"面板中明确指定图片文件的来源位置，如此才能在使用浏览器预览网页画面时正确显示图片内容，像这种以完整路径指定图片的方式就是"绝对路径"。

3-7-2　超链接与路径的关系

在新建网页文件时，若文件还未存储命名，就在页面上插入图片或建立超链接，这表示当前所使用的是"绝对路径"，因为当前页面还未存储，所以 Dreamweaver 无法判断当前页面与超链接之间的路径关系，只好暂时使用"绝对路径"来指定链接的位置，如下图所示。

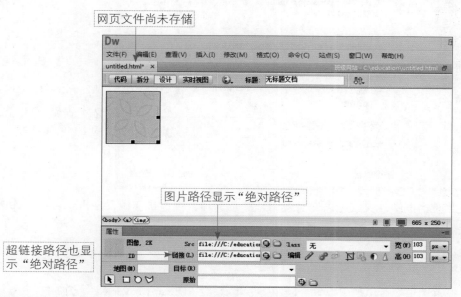

网页文件尚未存储

图片路径显示"绝对路径"

超链接路径也显示"绝对路径"

等到将当前页面存储之后，可以发现"属性"面板就会以相对位置来显示，因为当前页面与链接页面都是位于相同的站点文件夹之下，所以会显示"相对路径"。

3-8　Creative Cloud 账户管理（新增功能）

　　Dreamweaver CC 是 Adobe Creative Cloud 的一部分，当下载软件时，事实上用户已经申请并拥有了一组 Adobe ID 和密码，通过此组账户和密码，就可以进入 Adobe Creative Cloud。在此空间中，除了试用软件或成为其会员外，也可以同步设置首选项、站点设置、工作区和快捷键等，让多台计算机之间保持相同的环境，而且只要最新的更新或功能版本的推出，也可以立即获得下载，让您的创意可以和全世界保持同步，有问题也可以从 Adobe 的团队成员中得到解决。

3-8-1　管理同步化设置

　　想要做同步化的设置，让多台计算机之间的首选项、站点设置、自定义工作区和键盘快捷键等都保持相同的环境，可以通过"首选项"来做同步化设置。可以在"编辑"菜单中选取个人账户名称，再在下一级菜单中选择"管理同步化设置"命令，或是直接执行"编辑 / 首选项"命令，即可进入如下图所示的对话框进行设置。

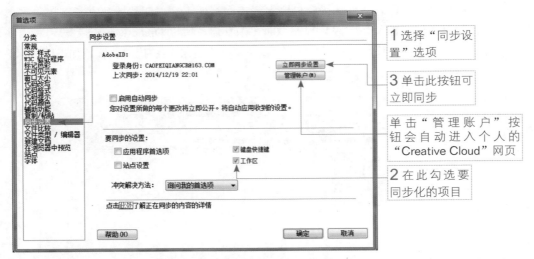

　　在此对话框中，大家可以针对应用程序首选项、键盘快捷键、站点设置或工作区等进行同步化的选中，单击 立即同步设置 按钮即可立即同步设置。

3-8-2　同步设置

　　在"首选项"对话框中设置好同步化后，直接在 Dreamweaver CC 程序的右上方单击 按钮，再选择 立即同步设置 按钮，也一样可达到同步的效果。

步骤 ①

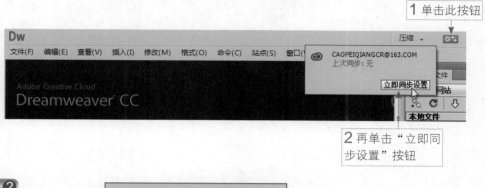

步骤 ②

3-8-3 管理 Creative Cloud 账户

想从 Dreamweaver CC 中进入 Creative Cloud 来进行个人的账户管理，可在"编辑"菜单中选择个人账户名称，接着再在下一级菜单中选择"管理 Creative Cloud 账户"命令，就会自动打开浏览器窗口，登录个人账户。

步骤 ①

步骤 2

网页中包含"菜单"、"搜索"、"个人账户"、"Adobe"4 部分。

菜单

在此页面中包含 Creative Cloud 中的"产品"、"如何购买"、"学习与支持"和"关于 ADOBE"等选项。

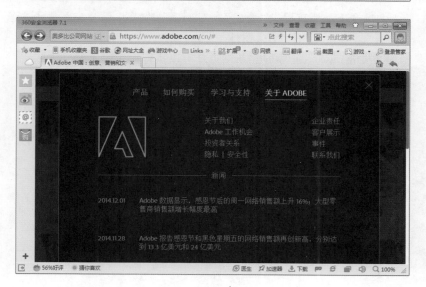

搜索

可以搜索同步的文件及数据。

个人账户

对自己的账户进行管理与删除等操作。

Adobe

显示当前 Creative Cloud 的 Adobe 网站页面。

课后习题与练习

判断题

1.（　　）站点中的网页文档及文件夹最好使用中文来命名。

2.（　　）Dreamweaver 的面板配置方式可以存储及加载。

3.（　　）Dreamweaver 可以同时管理及编辑多个站点的资料。

4.（　　）文件名称标签上的星号，代表网页内容已更动，但尚未存储。

5.（　　）如果文件存储在站点文件夹中，Dreamweaver 会以相对路径来表示。

6.（　　）使用"流体网格布局"建设网页时，不管是台式计算机、平板电脑，还是智能手机，都会自动调整版面及内容，以适应用户的查看设备。

7.（　　）设置"Business Catalyst 站点"必须要有 Adobe ID 和密码，才能连接到服务器。

8.（　　）要做多台计算机之间的同步设置，必须先在"编辑 / 首选项"中做同步化设置。

选择题

1.（　　）要导入站点数据时，可执行：

　　（A）"站点 / 管理站点"　　　　　　（B）"站点 / 导入站点"

　　（C）"站点 / 打开站点"　　　　　　（D）"站点 / 置入站点"

2.（　　）下面哪个工具栏有提供"新建"、"剪切"、"拷贝"、"粘贴"等快速工具按钮？

　　（A）文件　　　　（B）属性　　　　　（C）标准　　　　　（D）样式呈现

3.（　　）要在 Dreamweaver 中建立新站点，可以执行：

　　（A）"建立 / 新建站点"　　　　　　（B）"站点 / 新建站点"

　　（C）"文件 / 新建站点"　　　　　　（D）"管理 / 新建站点"

4.（　　）建立完成的站点数据会显示在：

　　（A）站点面板　　（B）文件面板　　（C）管理站点　　（D）数据面板

5.（　　）对于面板的说明，下列哪项不正确？

　　（A）可以展开与折叠　　　　　　　（B）可以显示与隐藏

　　（C）可以调整面板大小　　　　　　（D）可以改变按钮大小

6.（　　）要预览网页，可按哪个快捷键？

（A）F11　　　　　（B）F12　　　　　（C）F10　　　　　（D）F9

7.（　　）对于网页文件的命名，下列哪项的说明有误？

（A）不要使用中文名称　　　　　　　　（B）不要使用特殊符号

（C）不要使用全角的英文数字　　　　　（D）不要使用小写的英文字母

8.（　　）要对网页文件重新命名，可以用哪个快捷键来进行？

（A）F1　　　　　（B）F2　　　　　（C）F3　　　　　（D）F4

填空题

1. Dreamweaver 中的所有面板皆可通过_____来启动。

2. 一般放置站点图片都是用_____文件夹。

3. 站点中的首页文件名通常为_____。

4. 在 Dreamweaver 中有_____、_____与_____ 3 种编辑模式。

5. _____可以专门用来查看及编辑网页原始代码。

6. Dreamweaver 默认的编码方式为_____，若要更改整个站点的默认语系时，可执行_____命令来做设置。

7. 网页的背景效果，可以使用_____及_____两种方式。

问答题

1. 在新建网页或文件夹时要注意哪些？

2. 请简述要新建预览浏览器的原因？

练习题

1. 请在 Dreamweaver 中新建一个站点，并且将站点位置设在硬盘中的"practiceweb"文件夹之中，而站点名称则命名为"练习用站点"。

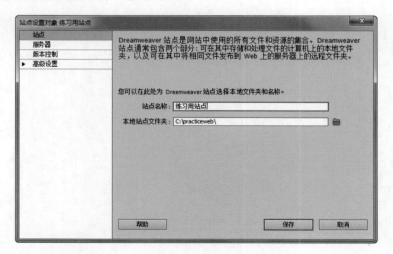

2. 接着再到站点中建立如下图所示的各个网页文件及站点架构图。

下图为完成内容的参考。

网页文件列表

Dreamweaver
Graphics

第 4 章 设置文字以强化重点："最新消息"页面设计

内容摘要

良好的文字设计有助于浏览者的阅读，虽然没有任何格式也不会影响文字内容的完整性，但是贴心地为浏览者在文章中标记重点，也是让网站争取更多人气的一个好方法。

本章将从各种文字及符号的创建方法开始学习，再到文字及段落格式的设置，然后是利用文字的查找及替换功能来快速编辑文字，最后再利用水平线为页面内容作重点区分。

教学目标

- ★ 文字输入技巧：输入文字内容、加入连续空格、加入日期时间及特殊符号、使用页面批注文字、粘贴纯文本文档、粘贴 Word 文档内容、清除 Word 的 HTML
- ★ 文字效果设置：介绍由快捷菜单、属性面板、页面属性三方面来设置文字格式
- ★ 网页字体的管理：针对 Adobe Edge Web Fonts（新增功能）、本地 web 字体、自定义字体堆栈的使用技巧做说明
- ★ 项目符号及列表：设置项目符号效果、改变符号或编号、多层次项目符号
- ★ 加入水平线：创建页面上的分隔线
- ★ 文字的查找及替换：文字查找及替换的编辑操作
- ★ 范例实战："最新消息"页面设计

4-1　文字输入技巧

虽然 Dreamweaver 是网页编辑软件，但其操作方式就和文书软件一样简单，因其也是采用"所见即所得"的网页编辑模式，所以输入文字的内容及位置就等于输出效果，在此大家可以新建一个空白的网页文档来进行本章的练习。

4-1-1　输入文字内容

在页面上输入文字时，只要采用和一般文书软件相同的方式来创建文字即可，这里将介绍在输入文字过程中所使用到的换行方式。

自动换行

当输入的文字内容超过一行时（指页面宽度范围），Dreamweaver 会自动换行。

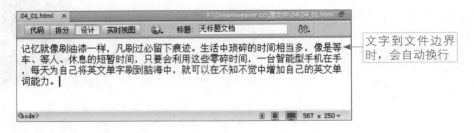

文字到文件边界时，会自动换行

手动换行

如果想让文字不满一行就换行，继续输入时就要使用"手动换行"。可利用鼠标光标单击要"分段"的位置，再按下"Enter"键即可进行分段。

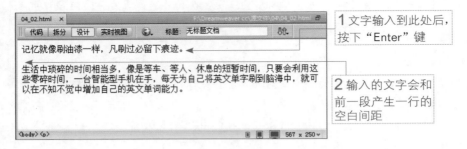

1 文字输入到此处后，按下"Enter"键

2 输入的文字会和前一段产生一行的空白间距

如果在"换行"的位置处按下"Shift+Enter"组合键，将会进行文字换行。

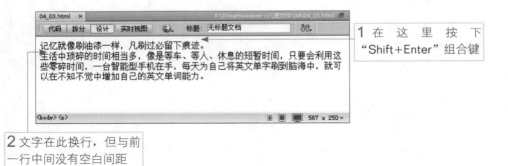

1 在这里按下"Shift+Enter"组合键

2 文字在此换行，但与前一行中间没有空白间距

分段及换行的差异

当文字利用"Enter"键分段后，上下两行会是属于不同的段落，可以各自设置不同的"段落格式"。反之，利用"Shift+Enter"组合键所换行的文字，其上下两行还是属于同一个段落，因此会有相同的"段落格式"。但是，当网页上的文字越来越多时，该怎么判断分段及换行的位置呢？别担心，可执行"编辑 / 首选项"命令，利用下面的方式来辨别。

步骤 1

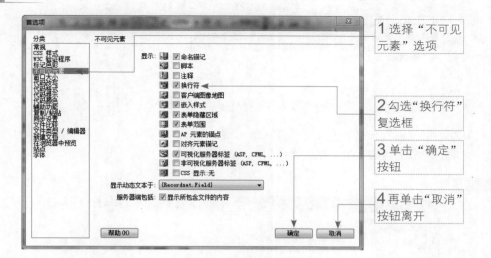

1 选择"不可见元素"选项

2 勾选"换行符"复选框

3 单击"确定"按钮

4 再单击"取消"按钮离开

步骤 2

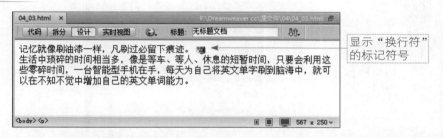

显示"换行符"的标记符号

　　"不可见元素"选项是辅助编辑的页面元素，它可显示页面上的一些相关信息供设计者参考，同时此元素不会显示在浏览器的画面上。在网页设计的标签中，分段是采用 HTML 样式中的 <p> 标记，而换行则是使用
 标记，可以利用"拆分模式"来观看其代码内容。

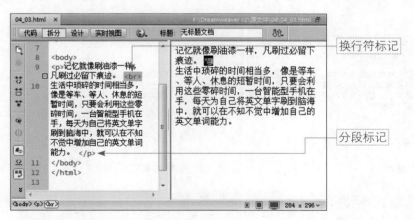

换行符标记

分段标记

4-1-2　输入连续空格

　　在网页文字中加入连续空格，也是初学者容易产生困扰的地方。因为在网页代码中，无论输入多少个空格都视为是一个空格。其实只要将输入方式设为"全角"模式，再到要加入空格的地方连续按下空格键数次，就会看到空白效果了。

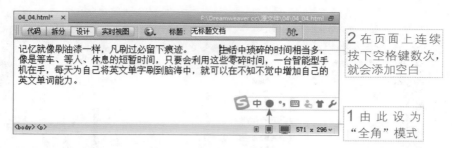

另外，也可以预先在"首选项"对话框中进行设置，选择在"半角"模式下也可以利用空格键来插入多个连续空格。执行"编辑/首选项"命令，并做以下设置。

步骤 1

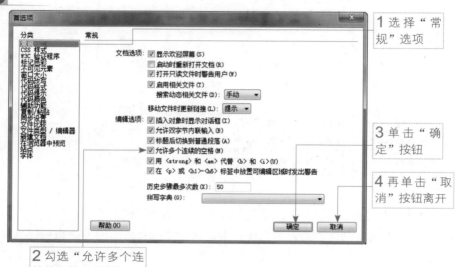

步骤 2

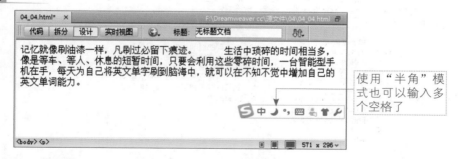

4-1-3　加入日期时间

可以在网页上加入最近更新的日期来通知浏览者。单击"插入"面板中的"日期"，或者执行菜单中的"插入/日期"命令，都可加入日期数据。另外，若要让插入的日期时间能随文档保存时自动更新，可以勾选"存储时自动更新"复选框。

步骤 **1**

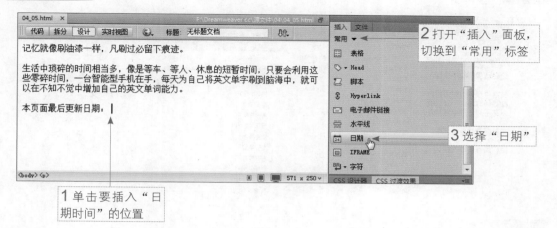

1 单击要插入 “日期时间” 的位置

2 打开 “插入” 面板，切换到 “常用” 标签

3 选择 “日期”

步骤 **2**

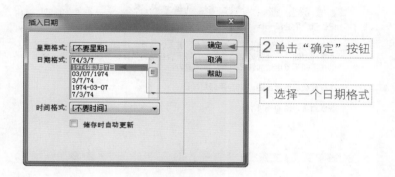

2 单击 “确定” 按钮

1 选择一个日期格式

步骤 **3**

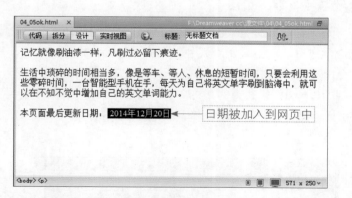

日期被加入到网页中

4-1-4　加入特殊字符

　　想要加入特殊字符，可执行菜单中的 “插入 / 字符 / 版权” 命令，并在列表中选择所要的字符符号。如果想要加入的字符不在列表中，则可选择 “其他字符” 命令。

步骤 1

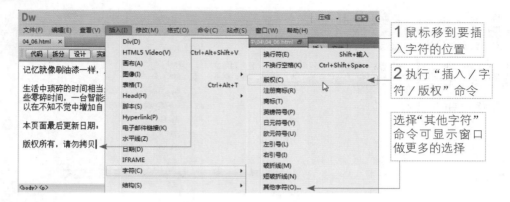

1 鼠标移到要插入字符的位置

2 执行"插入／字符／版权"命令

选择"其他字符"命令可显示窗口做更多的选择

步骤 2

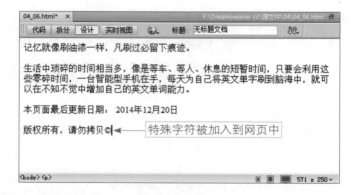

特殊字符被加入到网页中

4-1-5　粘贴纯文本文档

利用"复制"及"粘贴"命令来创建网页文字是常用的技巧。从客户那里拿到相关文字数据后，通常都会通过分工的方式由专人处理文案（包含打字及润笔），等处理完成后再将文字复制、粘贴至网页编辑器中。

以纯文本文档的"*.txt"格式为例，将文字全选后，执行"编辑／复制"命令，接着回到Dreamweaver 中执行"编辑／粘贴"命令，即可粘贴文字内容。

步骤 1

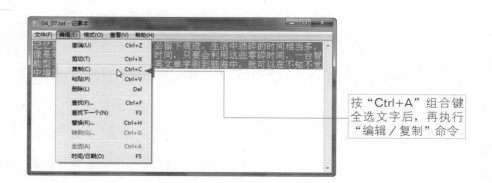

按"Ctrl+A"组合键全选文字后，再执行"编辑／复制"命令

步骤 2

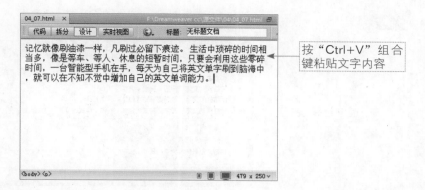

按 "Ctrl+V" 组合键粘贴文字内容

4-1-6 粘贴 Word 文档内容

Dreamweaver 也可以直接将 Word 文档中的内容复制、粘贴到页面中，打开范例文件中的"04_08.doc"，将文字全选并复制，接着回到 Dreamweaver 中执行"编辑 / 选择性粘贴"命令，此时弹出"选择性粘贴"对话框，可以根据需求选择粘贴的方式。

步骤 1

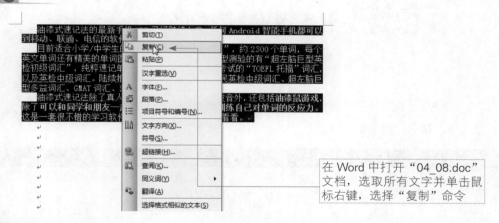

在 Word 中打开 "04_08.doc" 文档，选取所有文字并单击鼠标右键，选择"复制"命令

步骤 2

1 切换到 Dreamweaver 程序

2 执行 "编辑 / 选择性粘贴" 命令

步骤 3

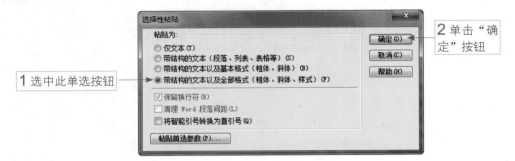

1 选中此单选按钮

2 单击"确定"按钮

步骤 4

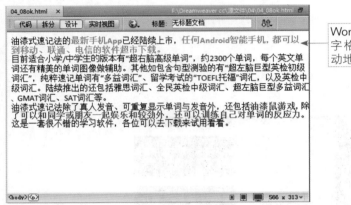

Word 中所有的文字格式都原封不动地移到网页中

"选择性粘贴"对话框中各选项含义说明如下：

粘贴方式	效果
仅文本	只能加入没有任何格式效果的文字，若来源文字有格式效果的设置，那么这些格式都会被移除
带结构的文本（段落、列表、表格等）	粘贴具有文字结构的文字（如段落、列表及表格的结构），但是不会保留粗体、斜体等文字格式
带结构的文本及基本格式（粗体、斜体）	加入具有文字结构及包含简单 HTML 格式效果的文字
带结构的文本及全部格式（粗体、斜体、样式）	加入具有文字结构、简单 HTML 格式效果及 CSS 样式的文字
保留换行符	用来保留文字结构中的换行方式，而且也只有在选择"具有结构"的粘贴方式时才能勾选此复选框
清理 Word 段落间距	用来在粘贴文字时清除位于段落之间的额外距离

另外，也可以执行"文件 / 导入 /Word 文档"命令，然后在导入的对话框中选择要导入的文件格式。

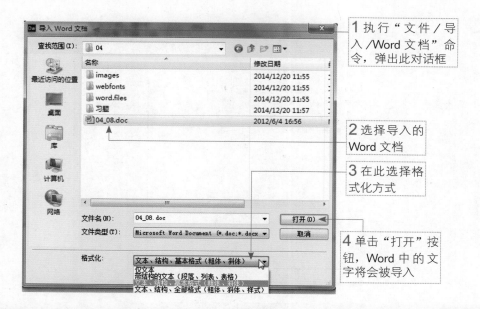

1 执行"文件 / 导入 /Word 文档"命令，弹出此对话框

2 选择导入的 Word 文档

3 在此选择格式化方式

4 单击"打开"按钮，Word 中的文字将会被导入

4-1-7 清除 Word 的 HTML

Word 虽然具有转存网页的功能，却会在输出的网页中添加一些本身特有的标记代码，而这些特有的代码会造成后续用户在编辑上的困扰，此时可以使用"清理工具"来解决该问题。打开范例文件中的"word.htm"，这是一个由 Word 文档转存的网页文档，接着再执行菜单中的"命令 / 清理 Word 生成的 HTML"命令。

步骤❶

1 打开范例文件中的"word.htm"

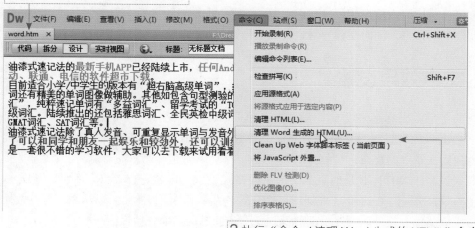

2 执行"命令 / 清理 Word 生成的 HTML"命令

步骤 2

大家可以对比清除前后的程序代码内容，一定会发现清除之后的程序代码内容简单许多，不会再有杂乱的情形，同时文件容量也会减少许多。

4-2　文字效果设置

单调的文字效果看起来没有多大的吸引力，而且也比较沉闷，如果能适时地为页面中的重点文字加上颜色效果，同时对文字位置做些编排，相信看起来不仅生动活泼，浏览者也能更快速地找到文章中的重点。

一般来说，HTML 样式是网页内容的主要格式设置，但是它也有许多不便的地方，且格式效果也有限，可通过 CSS 样式来处理。对于基本的文字格式设置，可以从 3 个地方做处理，包括右键快捷菜单、属性面板及页面属性。下面就针对这三部分做说明。

4-2-1　由右键快捷菜单做设置

选取文字并单击鼠标右键，在弹出的快捷菜单中即可针对段落样式、列表、对齐、样式等文字格式做设置。

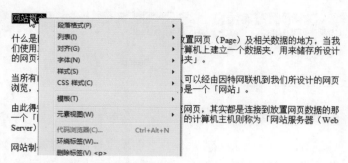

下面针对这几项命令所包含的内容做说明：

功能	说明
段落格式	包含无、段落、标题 1 至标题 6、已编排格式等选项
列表	包含无、项目列表、编号列表、定义列表、缩进、凸出等选项
对齐	包括左对齐、居中对齐、右对齐、两端对齐等选项
样式	包括粗体、斜体、下划线、删除线、打字型、强调、强烈、代码、变量、范例、键盘、引用、定义、已删除、已插入等选项，以上都是属于 HTML 的样式

除了通过右键快捷菜单做格式设置外，也可以通过"格式"菜单做选择。

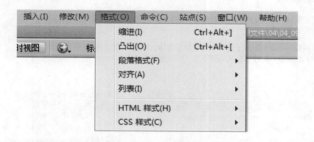

4-2-2 由"属性"面板设置文字格式

"属性"面板上包含"HTML"及"CSS"的样式设置，可以通过面板左侧的 <> HTML 及
CSS 按钮作切换。

在"HTML"部分，主要包括粗体、斜体、项目列表、编号列表、删除内缩区块、内缩区块等设置。另外，在"格式"下拉列表中可以选择标题 1-6、段落、及已编排格式等选项。

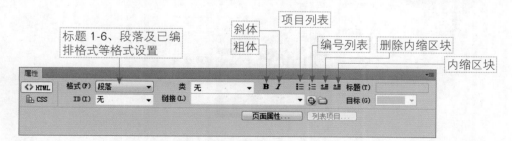

在"CSS"部分，这里主要是通过 CSS 样式的代码来设置文字格式，必须先新建 CSS 规则，才能在选项中做选择。有关 CSS 样式的设置将在第 13 章进行讲解。

4-2-3　由"页面属性"设置文字格式

执行"修改 / 页面属性"命令，或者在"属性"面板上单击 页面属性… 按钮，则可针对页面的各种属性来做设置，包括外观、链接、标题等。下面就为大家示范，网页文字大小、色彩及标题的设置方式，让您的网页快速变身。

步骤❶

1 打开网页文档

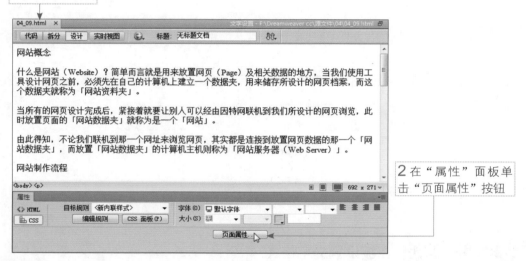

2 在"属性"面板单击"页面属性"按钮

步骤❷

1 选择"外观（CSS）"的分类

2 设置字体大小

3 选择文字颜色

步骤 **3**

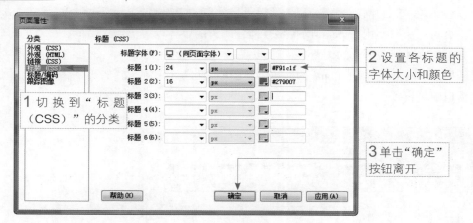

1 切换到"标题（CSS）"的分类

2 设置各标题的字体大小和颜色

3 单击"确定"按钮离开

步骤 **4**

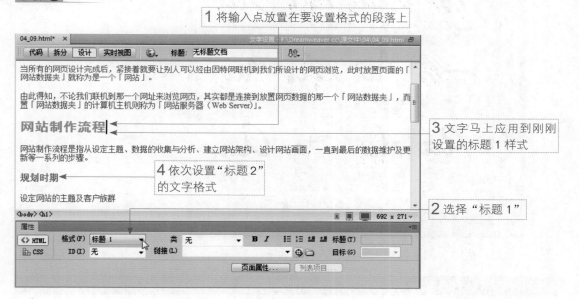

1 将输入点放置在要设置格式的段落上

3 文字马上应用到刚刚设置的标题 1 样式

4 依次设置"标题 2"的文字格式

2 选择"标题 1"

4-3　网页字体的管理（新增功能）

　　从 CS6 版本开始，想要将美丽又好看的字体应用在网页中已经不是难事，而 Creative Cloud 版本中更将 Typekit 的数千种字体整理得井然有序，方便 Adobe 会员添加到编辑的网页中，让网站的文字设计更富创造性和变化。此小节就针对 Adobe Edge Web Fonts、本地 web 字体、自定义字体堆栈的使用技巧做说明，让大家可以专心的使用字体，而不用考虑到兼容性或授权等复杂的问题。

4-3-1　Adobe Edge Web Fonts

　　Adobe Edge Web Fonts 是一个可供存取的网页字体图库，它是集结 Adobe 和全世界设计师所成的一个字体图库，字体主要由 Typekit 所提供。"Typekit"原是一家网络字体服务的提供商，该公司为专业的网站制作公司，并提供字体库的云端服务，由于 Adobe 已在 2011 年宣布收购该公司，所以利用 Typekit 网页字体能让所需的字体以更快速、简单、可靠的方式嵌入站点，并确保字体能被所有的浏览器正确识别。

要使用 Adobe Edge Web Fonts 的网页字体图库，可执行"修改 / 管理字体"命令，然后在如下的窗口中做设置。

1 执行"修改 / 管理字体"命令弹出此对话框

3 在列表中选择想要使用的样式"Alex Brush"

2 选择"手写字体的列表"

4 单击"完成"按钮

在此对话框中，左侧各按钮所代表的含义如下：

按钮图标	代表意义	按钮图标	代表意义
	建议用于标题的字体列表		黑体字体的列表
	建议用于段落的字体列表		等宽字体的列表
	无衬线字体的列表		手工制作字体的列表
	衬线字体的列表		装饰字体的列表
	粗衬线字体的列表		先前加入字体列表内的字体列表
	手写字体的列表		

设置完成后，接下来就可以从字体列表中选取到该字体。

步骤 ①

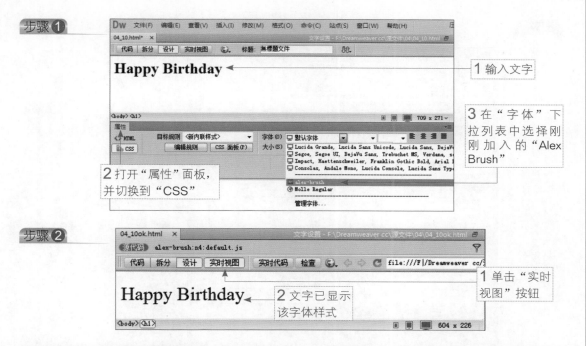

1 输入文字

3 在"字体"下拉列表中选择刚刚加入的"Alex Brush"

2 打开"属性"面板，并切换到"CSS"

步骤 ②

1 单击"实时视图"按钮

2 文字已显示该字体样式

4-3-2 自定义字体堆栈

想要自行设置字体效果，让浏览器无法以正确字体显示时，能够依序选用自定义选项的字体显示，那么就可以利用"自定义字体堆栈"选项卡来设置。

步骤 ①

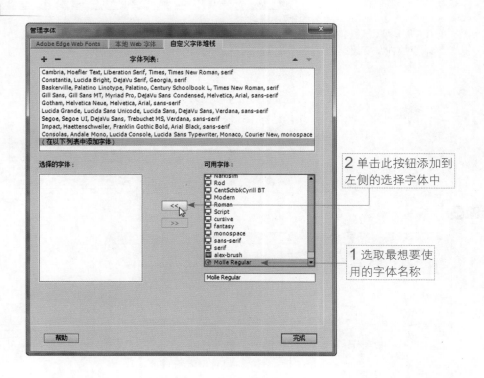

2 单击此按钮添加到左侧的选择字体中

1 选取最想要使用的字体名称

步骤 2

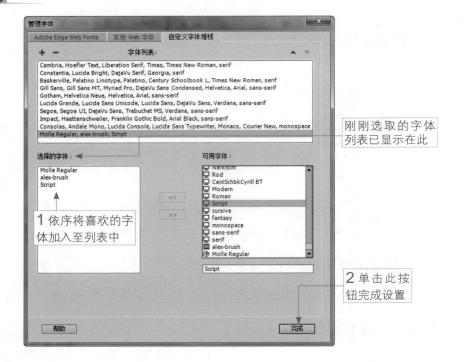

刚刚选取的字体
列表已显示在此

1 依序将喜欢的字
体加入至列表中

2 单击此按
钮完成设置

步骤 3

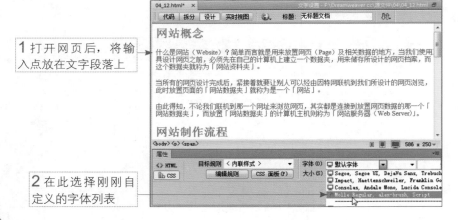

1 打开网页后，将输
入点放在文字段落上

2 在此选择刚刚自
定义的字体列表

步骤 4

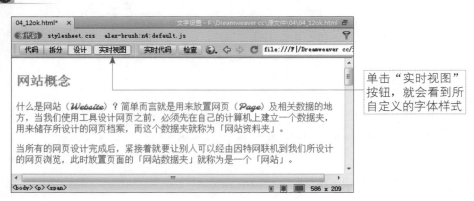

单击"实时视图"
按钮，就会看到所
自定义的字体样式

4-4　项目符号及编号

项目符号及编号能让文字内容以列表的方式来呈现，适用于经过整理的文档内容。通常有顺序性的列表会以编号方式来呈现，若没有顺序的列表内容，则选用项目列表就可以了。

4-4-1　设置项目效果

设置时可以利用“属性”面板或者选择菜单中的“格式 / 列表”命令，再从列表中选择一种项目样式。

步骤 **1**

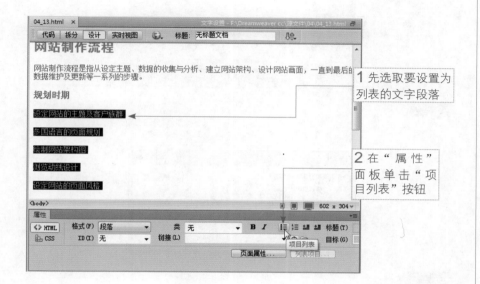

1 先选取要设置为列表的文字段落

2 在“属性”面板单击“项目列表”按钮

步骤 **2**

以“圆点”符号显示在各列表之前

在 Dreamweaver 中是对每一个段落内容应用项目效果，如果粘贴之后的文字没有经过分段就应用项目效果的话，那就要经过修改才能呈现正确的项目效果。

4-4-2　更改符号及编号

“属性”面板上默认只有“圆形符号”及“数字列表”两种项目效果，若要应用其他符号，可以单击面板上的 列表项目... 按钮。

步骤 1

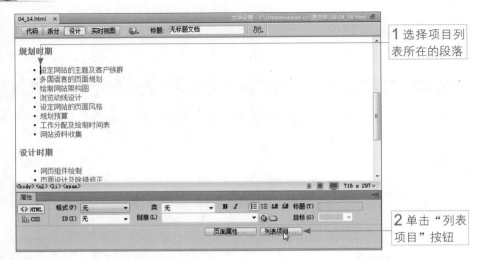

1 选择项目列表所在的段落

2 单击"列表项目"按钮

步骤 2

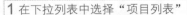

1 在下拉列表中选择"项目列表"

3 单击"确定"按钮

2 从样式中选择"正方形"

步骤 3

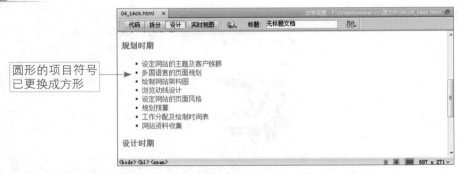

圆形的项目符号已更换成方形

　　"项目列表"可以选用方形或圆形两种方式,而"编号列表"则有数字、小写罗马字、大写罗马字、小写字母、大写字母等多种选择。另外,还可以指定编号的起始值,以便数字没有连贯时,可以自定义更改列表编号。

4-4-3　多层次的项目效果

　　多层次的项目效果要配合"属性"面板上的"缩进"功能一起使用,这样才可以显现出多层次的变化。

步骤 ❶

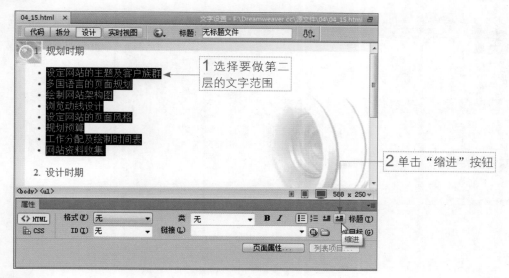

步骤 ❷

4-5 加入水平线

水平线主要应用于网页上的资料分类，让用户可以更清楚网页的内容结构。水平线的宽度设置有"像素"及"%"两种单位，而这些设置都是通过"属性"面板来处理。

★ 像素：直接以数值指定水平线的宽度，无论页面的缩放比例是多少，都不会影响其宽度，所以又称为"绝对宽度"。

★ %：以目前页面的宽度百分比来作为水平线的宽度，因为是依目前页面的宽度为基准，所以会随着页面的缩放而调整，故称为"相对宽度"。

步骤❶

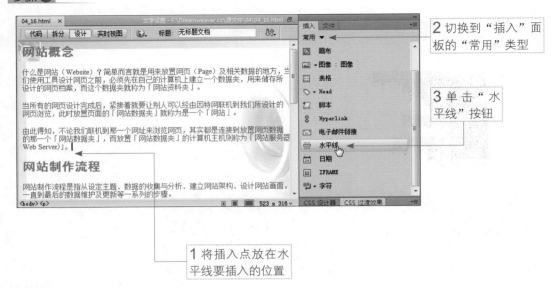

2 切换到"插入"面板的"常用"类型

3 单击"水平线"按钮

1 将插入点放在水平线要插入的位置

步骤❷

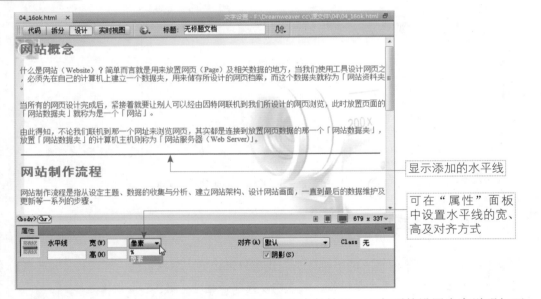

显示添加的水平线

可在"属性"面板中设置水平线的宽、高及对齐方式

水平线创建完成后，可利用"属性"面板来调整线条效果。而各项的设置内容说明如下：

设置名称	作用
宽	设置水平线的宽度，单位可为"像素"或"%"
高	设置水平线的高度
对齐	设置水平线的对齐方式，包括左对齐、居中对齐、右对齐及默认值（居中对齐）
阴影	设置是否使用投影的立体线条效果

4-6 文字的查找及替换

"编辑 / 查找和替换"命令在网页编辑时，是经常被使用到的功能。"查找"可用来找出页面上的特定文字，而"替换"则可以同时更新页面上的特定文字。

步骤 ❶

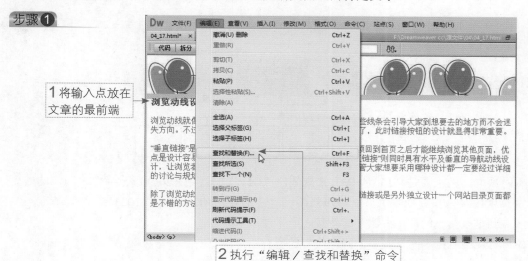

1 将输入点放在文章的最前端

2 执行"编辑 / 查找和替换"命令

步骤 ❷

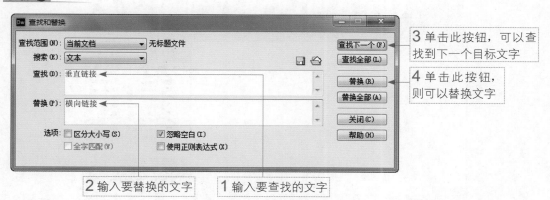

3 单击此按钮，可以查找到下一个目标文字

4 单击此按钮，则可以替换文字

2 输入要替换的文字

1 输入要查找的文字

步骤 ❸

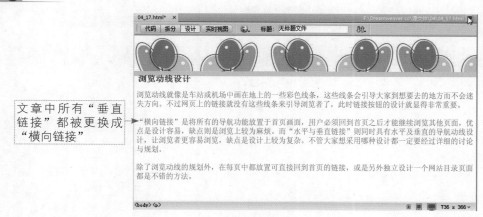

文章中所有"垂直链接"都被更换成"横向链接"

4-7　范例实战："最新消息"页面设计

这里要设计的是"班级网站"中的第一个页面"最新消息"，下面即为本范例作品与整个网站的关系图。

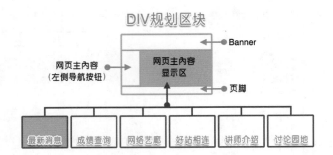

本网站的结构主要是利用"DIV"来规划，"DIV"的规划在第 9 章才会作说明，此处先针对网页主内容来作介绍。另外，"班级网站"中所使用的尺寸是以 1024×768 为基准，多余的区域则是以紫色的横条图案作为背景。

先将"应用范例"文件夹中的"图像"的所有图片都复制到"班级网站"中的"images"文件夹中，然后打开"最新消息"的网页"news.html"。

4-7-1　设置网页背景色

先执行"修改 / 页面属性"命令，并决定背景色彩。

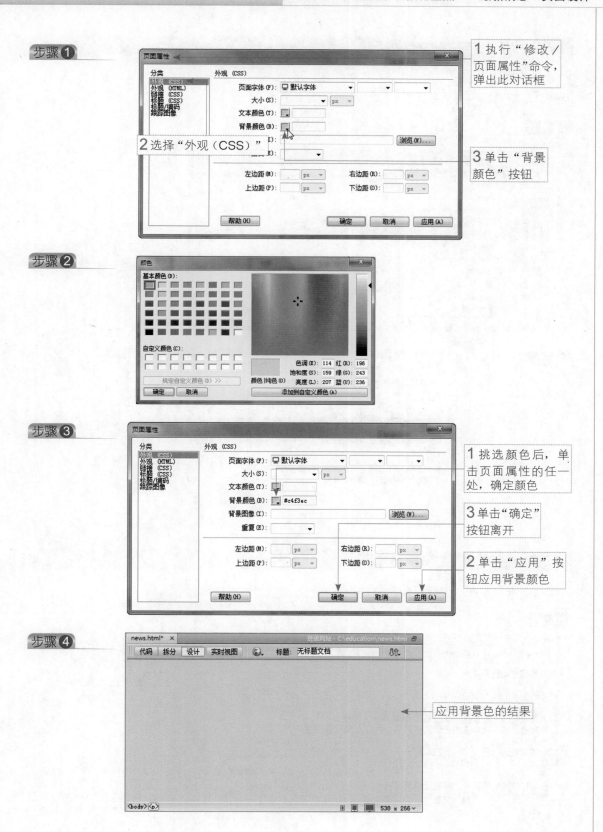

4-7-2　复制与粘贴文字内容

　　打开"应用范例"中的"文本"文件夹，将"最新消息.txt"中的所有文字全选并复制，回到"最新消息"网页后，粘贴刚才所复制的文字内容。

步骤❶

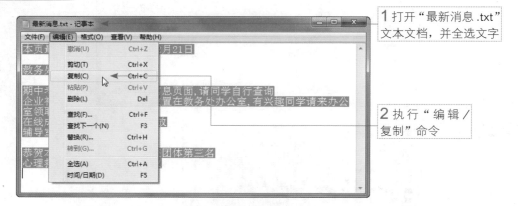

1 打开"最新消息.txt"文本文档，并全选文字

2 执行"编辑/复制"命令

步骤❷

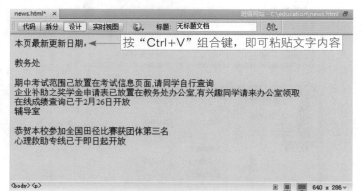

按"Ctrl+V"组合键，即可粘贴文字内容

4-7-3　使用水平线进行分隔

　　接下来，要在"更新日期"与"教务处"之间利用水平线进行分隔。

步骤❶

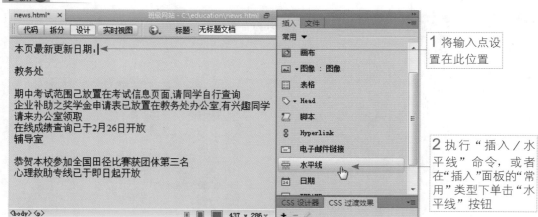

1 将输入点设置在此位置

2 执行"插入/水平线"命令，或者在"插入"面板的"常用"类型下单击"水平线"按钮

步骤 ❷

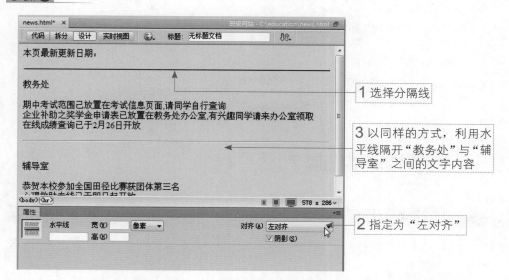

1 选择分隔线

3 以同样的方式，利用水平线隔开"教务处"与"辅导室"之间的文字内容

2 指定为"左对齐"

4-7-4 加入页面更新日期

日期的插入可通过"插入/日期"命令或"插入"面板来进行。

步骤 ❶

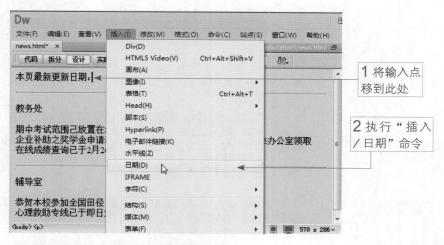

1 将输入点移到此处

2 执行"插入/日期"命令

步骤 ❷

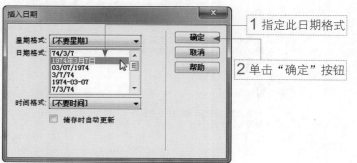

1 指定此日期格式

2 单击"确定"按钮

步骤 **3**

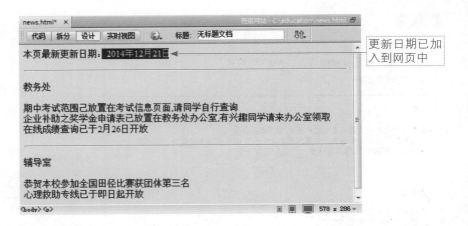

更新日期已加入到网页中

4-7-5 修改文字格式

这里只将"教务处"与"辅导室"两个标题文字应用"标题 3"的文字格式效果。

步骤 **1**

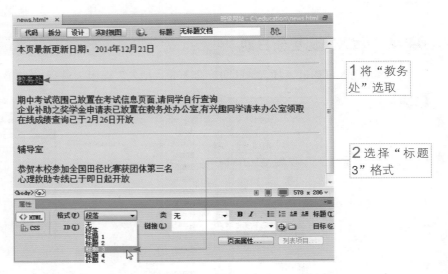

1 将"教务处"选取

2 选择"标题3"格式

步骤 **2**

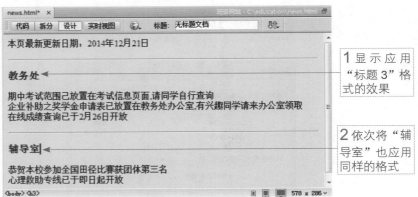

1 显示应用"标题 3"格式的效果

2 依次将"辅导室"也应用同样的格式

4-7-6　加入项目符号

在列表项目方面，我们将利用"属性"面板上的"html"来做设置。

步骤 **1**

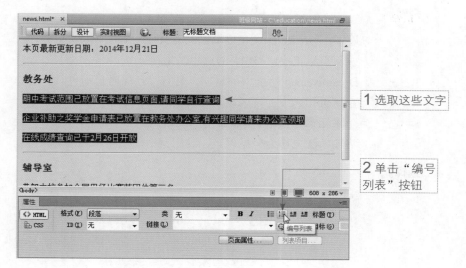

1 选取这些文字

2 单击"编号
列表"按钮

步骤 **2**

这些文字已
加上编号

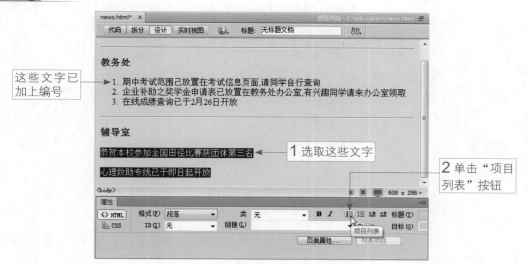

1 选取这些文字

2 单击"项目
列表"按钮

步骤 **3**

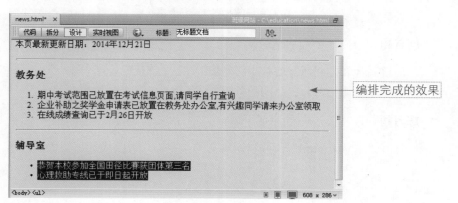

编排完成的效果

课后习题与练习

判断题

1.（　　）在 Dreamweaver 中可以粘贴具有文字格式的 Word 文字。

2.（　　）在网页标记中，
 的意思是指换行。

3.（　　）Dreamweaver 所插入的日期，具有"存储时自动更新"的功能。

4.（　　）在网页代码中，可以设置连续输入多个空格。

5.（　　）隐藏元素会显示于浏览器的画面上。

6.（　　）将输入法更换为全型模式，利用空格键可输入连续的空格。

选择题

1.（　　）要清除由 Word 转换成网页时，所产生的多余原始代码时，可执行：

（A）"命令 / 清理 Word 的 html"　　　　（B）"修改 / 清理 Word 的 html"

（C）"编辑 / 清理 Word 的 html"　　　　（D）"执行 / 清理 Word 的 html"

2.（　　）要使网页上文字换行，但不分段时，要使用：

（A）Enter 键　　　　　　　　　　（B）Alt + Enter 键

（C）Shift + Enter 键　　　　　　　（D）Ctrl + Enter 键

3.（　　）要导入 Word 文档时，可执行：

（A）"导入 /Word 文档"　　　　　　（B）"编辑 / 导入"

（C）"数据 / 导入"　　　　　　　　（D）"文件 / 导入 /Word 文档"

4.（　　）网页上"段落"的标记为：

（A）<p>　　　　（B）
　　　　（C）<--　　　　（D）&nbpp

填空题

1. 项目符号与编号效果是以_____来作为应用范围。

2. _____是辅助编辑的页面元素，它可显示网页上一些相关信息供设计者参考。

3. 网页的宽度设置有_____及_____两种宽度单位。

4. 文字的_____功能可用来找出网页中的特定文字，而_____功能可在查找到文字的同时，替换成另一组文字。

5. 多层次的项目效果要配合"属性"面板上的_____功能一起使用。

问答题

1. 请解释什么是相对宽度与绝对宽度？

2. 请简述要换行与分段之间的差异？

练习题

1. 打开"exp401.html"，并将网页文的文字格式调整成如下图中的内容。

完成文档：exp401_ok.html

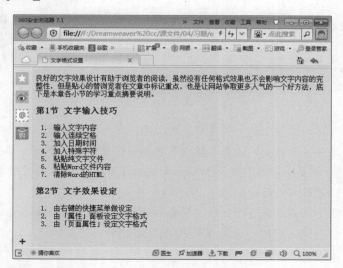

2. 打开范例文件"exp402.html"，将"书籍目录 .doc"中的文字内容及格式复制到网页中。

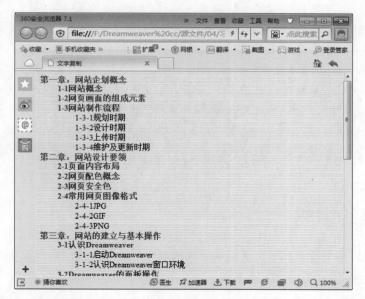

3. 试着下载一种网页字体，并将该字体导入到 Dreamweaver 中。

第 5 章 加入表格以编排页面：
"成绩查询"页面设计

内容摘要

　　表格在页面内容的编排上是个相当重要的工具，因为网页设计并不像美工软件一样，可以自由地调整文字在页面上的位置，所以早期的网页设计者，都会运用表格来编排页面上的图文位置。如今虽然 CSS 样式对排版问题提出了解决方式，不过对于具有规则性的数据而言，表格还是最好的选择。

　　本章的重点在于表格功能的介绍，这里会讲解有关各种表格的创建方式与单元格的编辑调整，另外还会介绍以 CSS 样式来编辑表格或单元格。

教学目标

★　表格的组成：了解表格的组成结构

★　表格创建方式：基本表格的创建方式、导入 Excel 文档、导入表格式数据

★　表格的编辑操作：表格选取技巧、表格的相关编辑功能，如重设行列数、调整表格宽度、调整边距 / 间距 / 边框、插入 / 删除行列、调整行宽 / 行高、单元格的拆分 / 合并、清除表格宽高、表格数据排序

★　表格的 CSS 样式：学习以 CSS 样式编辑表格及单元格

★　展开表格版面：学习如何快速选取到多层次的表格，以利编辑表格

★　范例实战："成绩查询"页面设计

5-1　表格的组成

　　表格是一种由水平及垂直所交叉汇编而成的方格，适用于放置具有条理及结构性的数据内容，图中即为表格中各个部分的名称。

垂直的排列称为"行"，本表格有 3 行

水平的排列称为"列"，本表格有 4 列

最外围的青色框线称为表格的"边框"

单元格内容和单元格外框的距离称为"边距"

表格中的每一个方格称为"单元格"

两个单元格之间的距离称为"间距"

5-2　表格创建方式

Dreamweaver 提供多样化的表格创建方式，这里先从基本的表格开始介绍。

5-2-1　创建基本表格

基本表格可使用"插入"面板或"插入"菜单来创建，只要设置相关的数值即可完成。

步骤 ❶

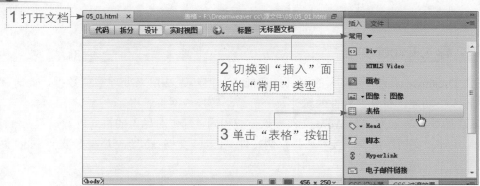

1 打开文档

2 切换到"插入"面板的"常用"类型

3 单击"表格"按钮

步骤 ❷

1 输入表格相关设置

2 页首样式选择"两者"

3 输入标题文字

4 单击"确定"按钮

步骤 ❸

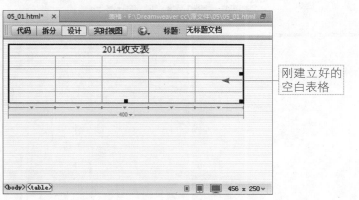

刚建立好的空白表格

步骤 ④

在表格中输入文字，
完成表格的建立

5-2-2　导入 Excel 文档

虽然 Dreamweaver 具有强大的网页设计能力，但却无法用来处理数值数据，此时就可以借助"导入"功能，将其他软件的统计及分析结果转换成网页表格。

Excel 的数据导入方式和 Word 文件导入方式相同，都可对导入的格式进行设置。执行"文件 / 导入 /Excel 文档"命令，接着选择范例文件"Excel 文档 .xls"，并在"导入 Excel 文档"中选用"文字、结构、完整格式"的格式效果。

步骤 ①

1 打开空白网页后，
执行"文件 / 导入 /
Excel 文 档"命 令，
进入此对话框

2 选择 Excel 文档

4 单击此按钮打开文档

3 指定"格式化"为"文
字、结构、全部格式"

步骤 2

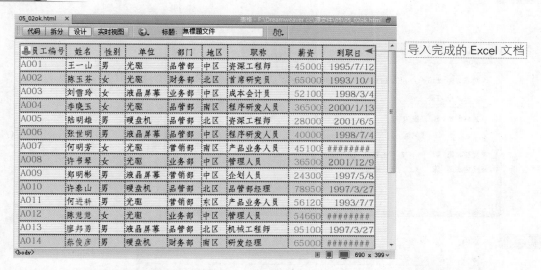

导入完成的 Excel 文档

5-2-3　导入表格式数据

此功能是针对除了 Excel 以外的其他数据库与试算统计软件的一种解决方式，可将这些软件处理过的数据转换成纯文本文件，然后利用此功能将数据导入到 Dreamweaver 中。执行"文件 / 导入 / 表格式数据"命令，接着选择源文件中的"Excel 文档 .txt"。

步骤 1

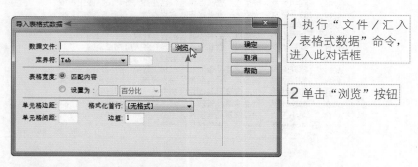

1 执行"文件 / 汇入 / 表格式数据"命令，进入此对话框

2 单击"浏览"按钮

步骤 2

1 选择文档

2 单击此按钮打开文档

步骤 3

1 维持默认值

3 单击"确定"按钮

2 设置单元格边
距及间距为 0

步骤 4

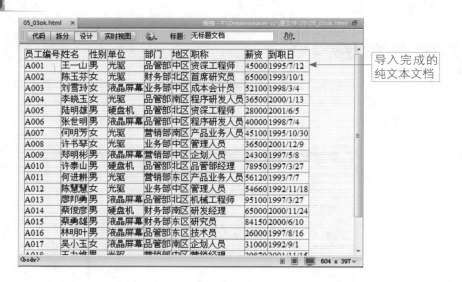

导入完成的
纯文本文档

5-3　表格的编辑操作

在 Dreamweaver 中的表格编辑是直观且便利的,它就像在文书软件中编辑一样的简单。本小节将针对表格和单元格的编辑技巧做说明,让大家制作出来的表格能够符合需求。

5-3-1　表格选取技巧

设置文字格式时要选取文字范围,要编辑表格数据,当然也要选取正确的表格范围。以单元格范围的选取来说,分为"连续"与"不连续"两种,且必须借助键盘上的"Shift"及"Ctrl"键。

进行"不连续选取"要搭配"Ctrl"键

先选择第 1 个单元格,按住"Ctrl"键后再选择其他单元格,就可以进行不连续的单元格选取。

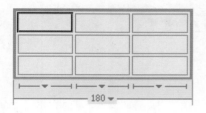 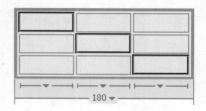

进行"连续选取"要搭配"Shift"键

先选择第 1 个单元格，按住"Shift"键后，再选择其他单元格，就可以进行连续的单元格选取。

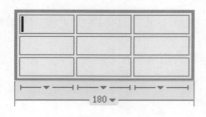 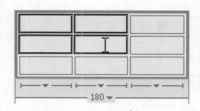

整行 / 整行及表格的选取

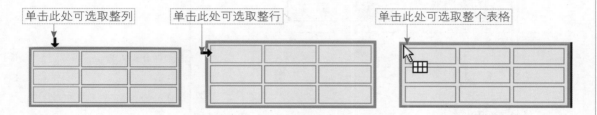

单击此处可选取整列

单击此处可选取整行

单击此处可选取整个表格

5-3-2　重设表格的行列数

　　Dreamweaver 可以在不影响"表格宽度"的情况下调整表格中的行数，至于表格的高度则会因为行数的多少而随之变动。

步骤①

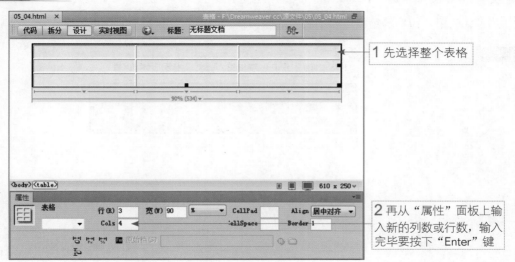

1 先选择整个表格

2 再从"属性"面板上输入新的列数或行数，输入完毕要按下"Enter"键

步骤 2

显示重设
后的表格

5-3-3 调整表格宽度

表格的宽度和水平线一样有相对大小（%）及绝对大小（像素）两种设置，都是通过"属性"面板作设置。

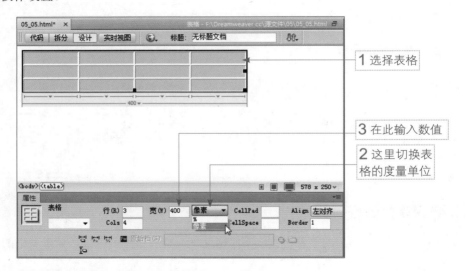

1 选择表格

3 在此输入数值

2 这里切换表格的度量单位

5-3-4 调整边距／间距／边框

边距、间距及边框等距离是属于表格的整体设置，因此设置前要先选取整个表格。

步骤 1

先选择整个表格

94

步骤 2

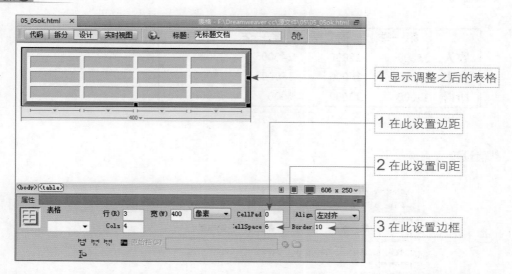

4 显示调整之后的表格

1 在此设置边距

2 在此设置间距

3 在此设置边框

5-3-5 行列的插入 / 删除

随着数据的增减，表格中的行数与列数也要适时地插入及删除。要插入行列，可利用右键快捷菜单，即可快速选择要插入、删除或合并的设置。

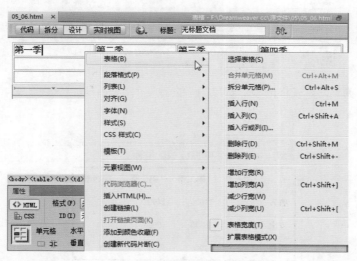

如果要删除整行或整列，可先选取整行或整列，然后再按下"Delete"键即可删除，删除整个表格也是利用相同的方式。

5-3-6 调整行宽 / 行高

利用鼠标直接拖曳表格框线，可自由调整行宽、行高及表格宽度。若要使用数值设置，就要利用"属性"面板了。

手动拖曳

	第一季	第二季	第三季	第四季
收入	25000	28000	24000	29000
支出	12000	16000	18000	15000
所得	13000	12000	6000	14000

按住拖曳可调整栏宽

数值设置

1 先选取列或行

2 在"宽"或"高"文本框中输入精确数值

在进行列宽调整时，表格的整体宽度是不会改变的，图中是以 5 列（宽 400）的表格为例。

步骤 ①

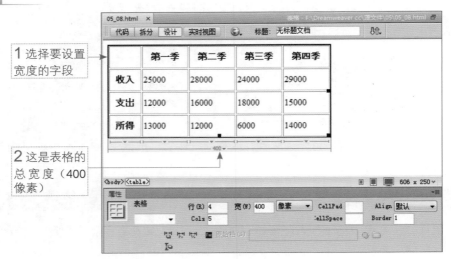

1 选择要设置宽度的字段

2 这是表格的总宽度（400 像素）

步骤 ❷

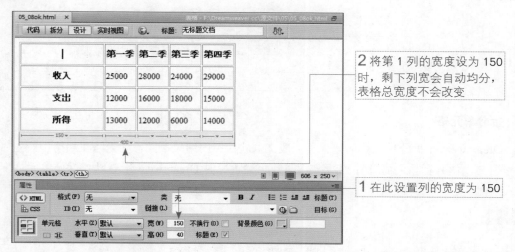

2 将第 1 列的宽度设为 150 时，剩下列宽会自动均分，表格总宽度不会改变

1 在此设置列的宽度为 150

若是将第 2 列的列宽设为 300 时，由于第 1 列与第 2 列的宽度之和已经超过 400 像素，所以表格的列宽会自动调整，但是总宽度仍会维持 400 像素，如右图所示。

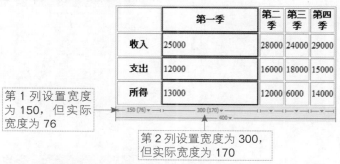

第 1 列设置宽度为 150，但实际宽度为 76

第 2 列设置宽度为 300，但实际宽度为 170

5-3-7　单元格的拆分 / 合并

表格比较复杂时，必须对单元格进行拆分或合并的处理，要拆分或合并，可利用"属性"面板来设置。

合并单元格

步骤 ❶

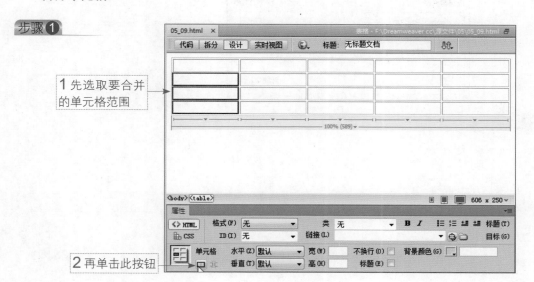

1 先选取要合并的单元格范围

2 再单击此按钮

步骤 2

合并完成的结果 →

拆分单元格

Dreamweaver 拆分单元格的效果和一般文书软件中的结果不同，它无法在表格中产生"奇数行"与"偶数行"同时并存的情况，遇到此种状况时 Dreamweaver 会以"拆分单元格"的方式来处理。

步骤 1

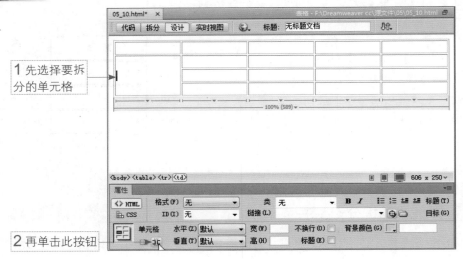

1 先选择要拆分的单元格

2 再单击此按钮

步骤 2

2 单击"确定"按钮

1 设置拆分为 2 行

步骤 3

Dreamweaver 会以"拆分单元格"的方式来处理拆分，而不是从中间拆分为 2 行 →

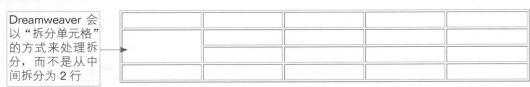

5-3-8　清除表格的宽度 / 高度

可用来清除单元格中多余的空白，让行宽与行高和单元格的内容大小刚好吻合。

清除宽度

步骤 1

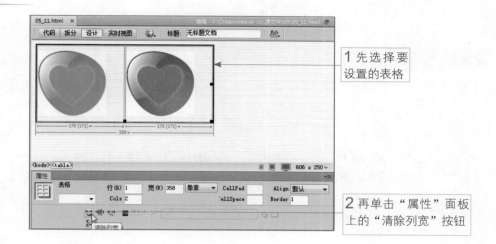

1 先选择要
设置的表格

2 再单击"属性"面板
上的"清除列宽"按钮

步骤 2

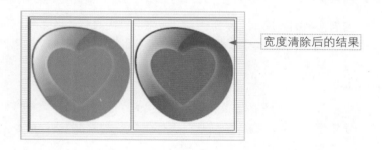

宽度清除后的结果

清除高度

步骤 1

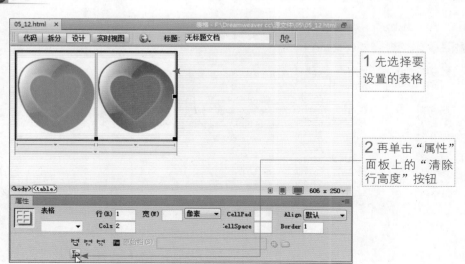

1 先选择要
设置的表格

2 再单击"属性"
面板上的"清除
行高度"按钮

步骤 **2**

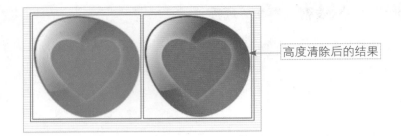

高度清除后的结果

5-3-9　单元格的其他设置

当设置单元格的属性时，"属性"面板中还提供几项特别的设置项目，在此一并跟大家说明。

调整单元格内数据的
"水平对齐"方式

设置此单元格的文字内容会在同一行显示，若遇
到列宽不够时，会自动调整列宽以配合文字内容

设置单元
格背景色

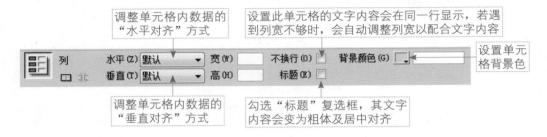

调整单元格内数据的
"垂直对齐"方式

勾选"标题"复选框，其文字
内容会变为粗体及居中对齐

5-3-10　排序表格数据

没有经过整理的表格数据看起来会杂乱无章，所以可以为表格内容多加一道排序的动作，让数据清楚明了。在此我们希望表格数据会依"地区"进行主要排序，同时若遇到"地区"相同时，则再以"部门"来做次要排序。

不过在 Dreamweaver 的排序功能中是以字段编号（从左到右）而非字段的标题文字来作为排序的依据，其中作为主要排序依据的"地区"是第 6 个字段，而次要排序依据的"薪资"则是第 8 个字段。要排序时，可先选择表格，再执行"命令 / 排序表格"命令。

步骤 **1**

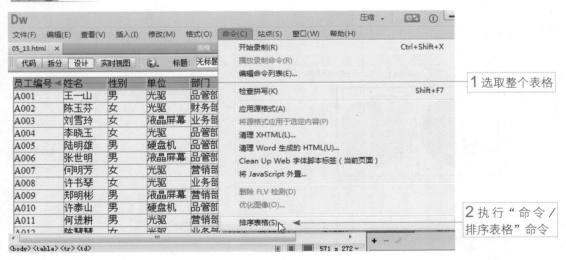

1 选取整个表格

2 执行"命令 /
排序表格"命令

步骤 2

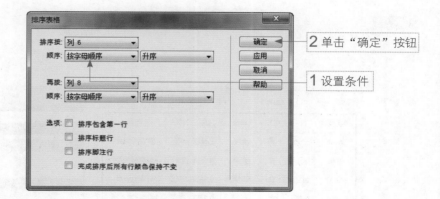

2 单击"确定"按钮

1 设置条件

步骤 3

员工编号	姓名	性别	单位	部门	地区	职称	薪资	到职日
A020	李时华	男	液晶屏幕	营销部	北区	企划人员	25700	1993/2/8
A019	周清辉	男	硬盘机	业务部	北区	管理经理	26400	2002/6/11
A005	陆明雄	男	硬盘机	品管部	北区	资深工程师	28000	2001/6/5
A002	陈玉芬	女	光驱	财务部	北区	首席研究员	65000	1993/10/1
A010	许泰山	男	硬盘机	品管部	北区	品管部经理	78950	1997/3/27
A013	廖邦勇	男	液晶屏幕	品管部	北区	机械工程师	95100	1997/3/27
A016	林明叶	男	液晶屏幕	营销部	东区	技术员	26000	1997/8/16
A011	何进耕	男	光驱	营销部	东区	产品业务人员	56120	1993/7/7
A015	蔡勇雄	男	液晶屏幕	财务部	东区	研究员	84150	2000/6/10
A017	吴小玉	女	液晶屏幕	品管部	南区	企划人员	31000	1992/9/1
A004	李晓玉	女	光驱	品管部	南区	程序研发人员	36500	2000/1/13
A007	何明芳	女	光驱	营销部	南区	产品业务人员	45100	1995/10/30
A014	蔡俊彦	男	硬盘机	财务部	南区	研发经理	65000	2000/11/24
A009	郑明彬	男	液晶屏幕	营销部	中区	企划人员	24300	1997/5/8
A018	王力维	男	光驱	营销部	中区	营销经理	29870	2001/11/15
A008	许书琴	女	光驱	业务部	中区	管理人员	36500	2001/12/9
A006	张世明	男	液晶屏幕	品管部	中区	程序研发人员	40000	1998/7/4
A001	王一山	男	光驱	品管部	中区	资深工程师	45000	1995/7/12
A003	刘雪玲	女	液晶屏幕	业务部	中区	成本会计员	52100	1998/3/4
A012	陈慧慧	女	光驱	业务部	中区	管理人员	54660	1992/11/18

员工已依"地区"排序；同一地区员工则再依"薪资"高低做排序

5-4　表格的 CSS 样式

　　由于表格的主要功能是将数据进行整理排行，以让浏览者可以轻松阅读资料内容，所以要适时对表格内容进行美化，才能使网页界面更为美观。在此我们将介绍如何以"CSS 设计器"来设置表格和单元格的样式。

5-4-1　以 CSS 新增表格的边框样式

　　首先执行"窗口 /CSS 设计器"命令打开"CSS 设计器"面板，这里要示范在页面中定义 CSS 规则，以便设置表格的边框样式。由于 CSS 样式的设置方式已经做了大幅度的更动，所以之前的 Dreamweaver 用户可能要花些时间来适应。

步骤 **1**

1 选择要进行边框设置的表格

2 在"源"右侧单击"+"按钮，并
选择"在页面中定义"选项

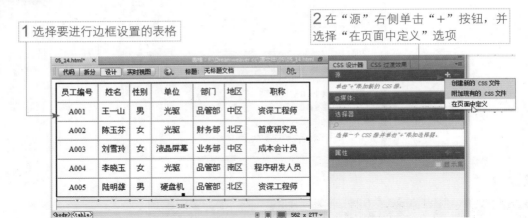

步骤 **2**

2 再次选取表格

1 选择刚刚加入的 <style>

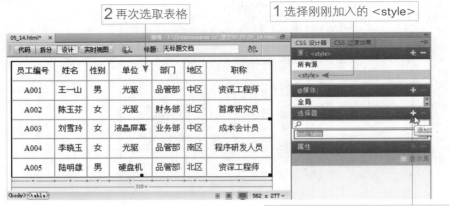

3 单击"+"按钮添加选择器，使下方
文本框自动添加"body table"选项

步骤 **3**

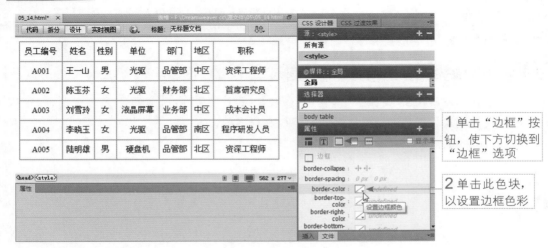

1 单击"边框"按
钮，使下方切换到
"边框"选项

2 单击此色块，
以设置边框色彩

步骤 ④

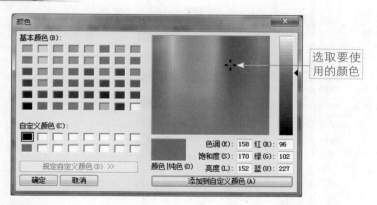

选取要使用的颜色

步骤 ⑤

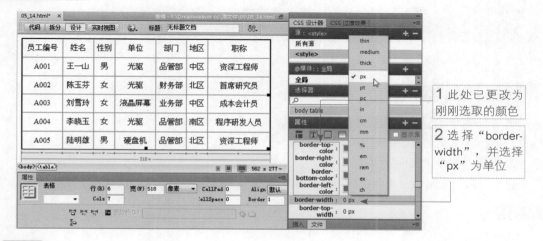

1 此处已更改为刚刚选取的颜色

2 选择 "border-width"，并选择 "px" 为单位

步骤 ⑥

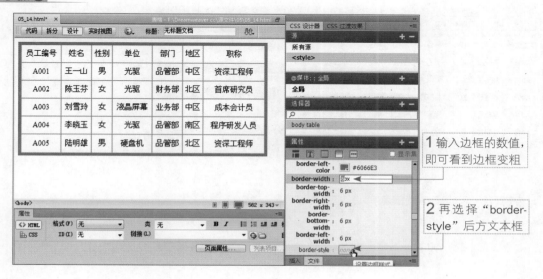

1 输入边框的数值，即可看到边框变粗

2 再选择 "border-style" 后方文本框

步骤 ❼

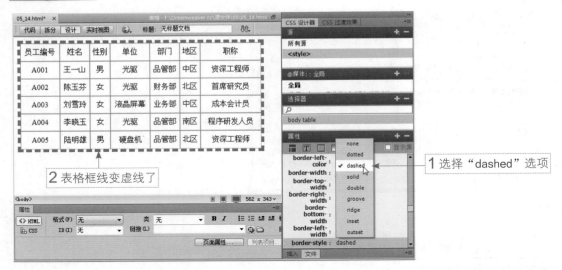

2 表格框线变虚线了

1 选择"dashed"选项

边框样式（border-style）共有 8 种，有虚线、实线、凹凸等变化，大家可以自行试用看看。

5-4-2　编辑表格样式

刚刚已经通过 ▢ 来为表格加入边框样式，如果想要改变边框效果，或者增加表格的其他样式效果，同样是通过 "CSS 设计器"面板来设置，如 Ⓣ 用来设置表格文字、▢ 用来设置表格背景、▤ 用来设置表格版面。

这里为大家示范如何重新编辑表格边框样式成为双线效果，同时为表格加入背景图片。

步骤 ❶

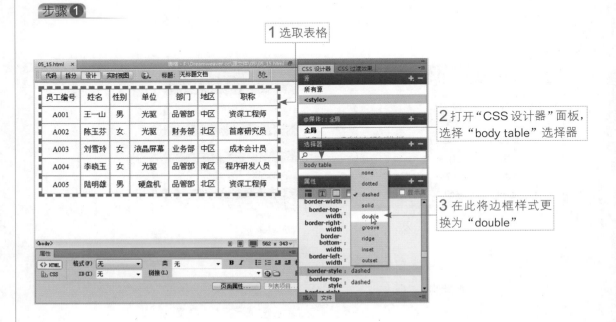

1 选取表格

2 打开"CSS 设计器"面板，选择"body table"选择器

3 在此将边框样式更换为"double"

步骤 2

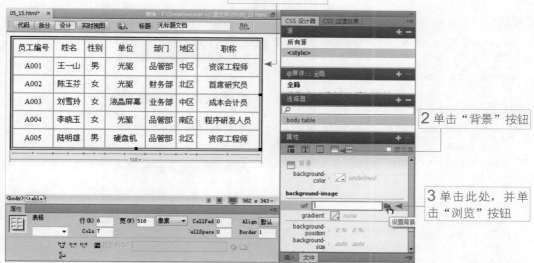

1 边框变双线条了

2 单击"背景"按钮

3 单击此处，并单击"浏览"按钮

步骤 3

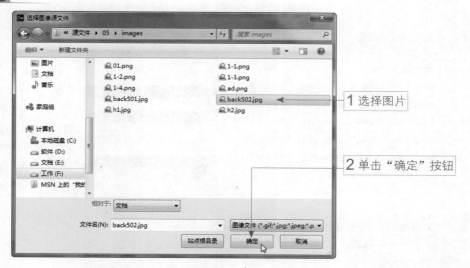

1 选择图片

2 单击"确定"按钮

步骤 4

员工编号	姓名	性别	单位	部门	地区	职称
A001	王一山	男	光驱	品管部	中区	资深工程师
A002	陈玉芬	女	光驱	财务部	北区	首席研究员
A003	刘雪玲	女	液晶屏幕	业务部	中区	成本会计员
A004	李晓玉	女	光驱	品管部	南区	程序研发人员
A005	陆明雄	男	硬盘机	品管部	北区	资深工程师

表格加入了背景图片

5-4-3　编辑单元格的 CSS 样式

除了表格外，单元格部分也可以设置 CSS 样式。此处就以单元格的线框作示范。

步骤❶

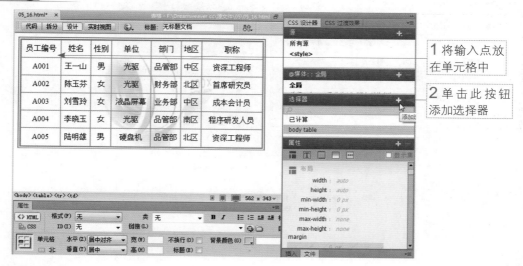

1 将输入点放在单元格中

2 单击此按钮添加选择器

步骤❷

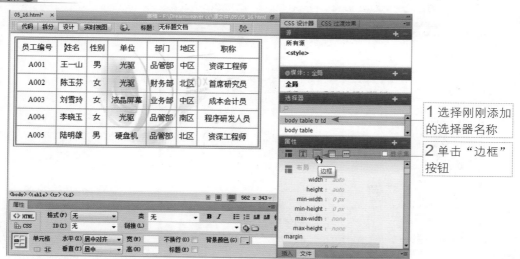

1 选择刚刚添加的选择器名称

2 单击"边框"按钮

步骤 3

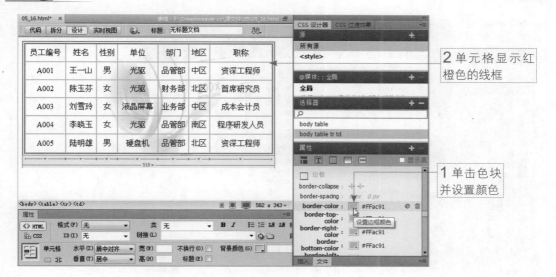

2 单元格显示红橙色的线框

1 单击色块并设置颜色

5-5 扩展表格版面

网页中可以善用表格的功能来编排网页组件，因此在各单元格中再插入表格是常有的事，一旦在这种复杂的表格中插满了文字、图片时，再编辑单元格中的表格就会变得复杂，如下图所示。

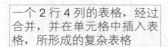

一个 2 行 4 列的表格，经过合并，并在单元格中插入表格，所形成的复杂表格

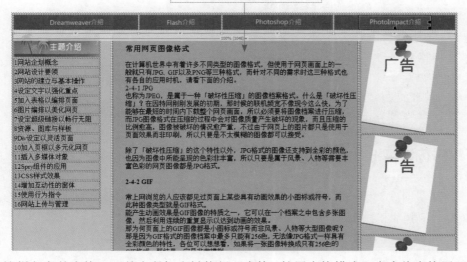

像这样复杂的表格，可单击鼠标右键执行"表格 / 扩展表格模式"命令将表格展开。

步骤 1

1 打开网页文件

2 单击鼠标右键执行 "表格／扩展表格模式" 命令

步骤 2

2 若要回到标准模式，可单击 "退出" 按钮

1 表格被展开了，选择单元格中的表格就变得容易了

5-6　范例实战："成绩查询"页面设计

　　打开"班级网站"中的"成绩查询"页面"score.html"，在此我们要设计一个放置考试成绩的网页，利用表格排序功能来排定名次，同时美化表格。

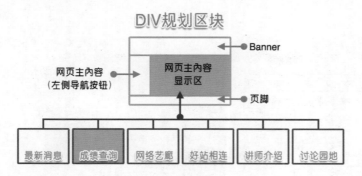

5-6-1　加入表格数据

打开"score.html"网页文件后,利用"导入表格式数据"命令将"成绩查询 .txt"纯文本文件导入到 Dreamweaver 中。

步骤 1

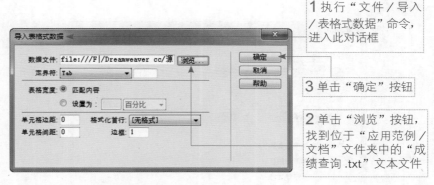

1 执行"文件 / 导入 / 表格式数据"命令,进入此对话框

3 单击"确定"按钮

2 单击"浏览"按钮,找到位于"应用范例 / 文档"文件夹中的"成绩查询 .txt"文本文件

步骤 2

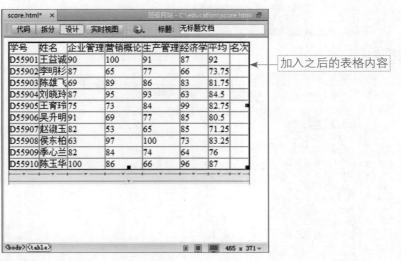

加入之后的表格内容

学号	姓名	企业管理	营销概论	生产管理	经济学	平均	名次
D55901	王益诚	90	100	91	87	92	
D55902	李明杉	87	65	77	66	73.75	
D55903	陈雄飞	69	89	86	83	81.75	
D55904	刘晓玲	87	95	93	63	84.5	
D55905	王育玲	75	73	84	99	82.75	
D55906	吴升明	91	69	77	85	80.5	
D55907	赵淑玉	82	53	65	85	71.25	
D55908	侯东柏	63	97	100	73	83.25	
D55909	季心兰	82	84	74	64	76	
D55910	陈玉华	100	86	66	96	87	

5-6-2　使用表格排序来创建名次

先单击表格中的任一个单元格后,再执行"命名 / 表格排序"命令,这里的第一次排序是为了便于确认名次。

步骤 1

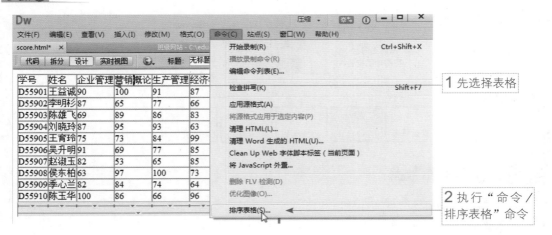

1 先选择表格

2 执行"命令 / 排序表格"命令

步骤 2

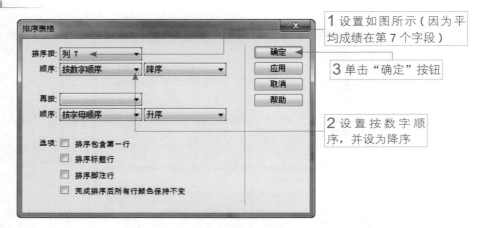

1 设置如图所示（因为平均成绩在第 7 个字段）

3 单击"确定"按钮

2 设置按数字顺序，并设为降序

步骤 3

排完顺序后，在"名次"文本框中输入名次

名次确认完成后，再以"学号"为排序依据，将内容调整回来。

学号	姓名	企业管理	营销概论	生产管理	经济学	平均	名次
D55901	王益诚	90	100	91	87	92	1
D55902	李明杉	87	65	77	66	73.75	9
D55903	陈雄飞	69	89	86	83	81.75	6
D55904	刘晓玲	87	95	93	63	84.5	3
D55905	王育玲	75	73	84	99	82.75	5
D55906	吴升明	91	69	77	85	80.5	7
D55907	赵淑玉	82	53	65	85	71.25	10
D55908	侯东柏	63	97	100	73	83.25	4
D55909	季心兰	82	84	74	64	76	8
D55910	陈玉华	100	86	66	96	87	2

5-6-3　美化表格

表格数据处理完毕后，接下来要将单元格做美化处理，同时让成绩数据更清楚。

步骤 1

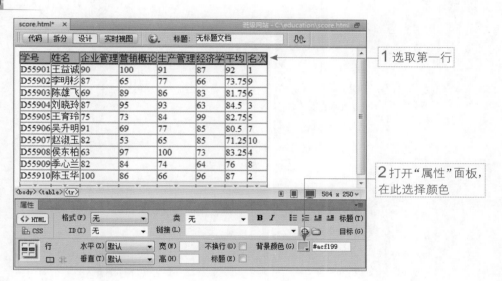

1 选取第一行

2 打开"属性"面板，在此选择颜色

步骤 2

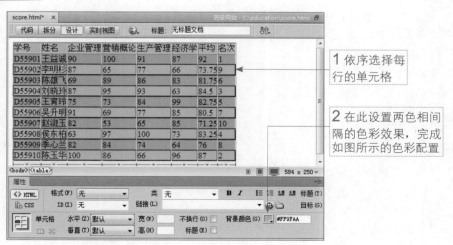

1 依序选择每行的单元格

2 在此设置两色相间隔的色彩效果，完成如图所示的色彩配置

111

课后习题与练习

判断题

1. （　　　）表格中垂直的排行称为"行"，水平的排行称为"列"。
2. （　　　）表格中的每一个方格，一般称之为"单元格"。
3. （　　　）要创建名次数据时，可使用排序表格功能。
4. （　　　）表格和表格之间的距离，称为"边距"。
5. （　　　）Dreamweaver 必须借助其他软件才能美化表格格式。
6. （　　　）插入表格后，单元格中还可以再插入表格。

选择题

1. （　　　）下行哪项不是表格所具有的功能？
   - （A）调整行宽行高
   - （B）单元格的拆分与合并
   - （C）自由移动表格
   - （D）排序表格数据
2. （　　　）导入表格式数据支持哪些文件格式？
   - （A）纯文本文件
   - （B）Excel 文件
   - （C）Word 文件
   - （D）以上皆是
3. （　　　）要导入 Excel 的数据时，可执行：
   - （A）"导入 /Excel 文件"
   - （B）"文件 / 附加 /Excel 文件"
   - （C）"文件 / 读取 /Excel 文件"
   - （D）"文件 / 导入 /Excel 文件"
4. （　　　）新建表格时，下行哪项无法做设置？
   - （A）设置表格颜色
   - （B）设置表格宽度
   - （C）设置单元格边距
   - （D）设置行行数
5. （　　　）想要重设表格的行数及列数，必须从哪里做设置？
   - （A）属性面板
   - （B）插入面板
   - （C）文件面板
   - （D）表格面板

填空题

1. 表格的宽度有＿＿＿＿＿＿＿＿及＿＿＿＿＿＿＿＿两种设置。
2. 执行"文件 / 导入 / ＿＿＿＿＿＿＿＿"命令，可以导入 txt 格式的文本文件。
3. 若要让表格数据依序排行，可使用＿＿＿＿＿＿＿＿功能。
4. 要对单元格进行不连续选取时，必须搭配＿＿＿＿＿＿＿＿键来选取。

练习题

1. 新建一个空白网页，并利用表格功能，以及添加 CSS 样式，来完成下图中的功课表表格。完成结果可参考"exp501_ok.html"。

星期/节数	星期一	星期二	星期三	星期四	星期五
第1节	中文	数学	数学	数学	中文
第2节	物理	化学	数学	中文	数学
第3节	英文	中文	中文	化学	数学
第4节	英文	中文	化学	物理	物理
午休时间					
第5节	数学	英文	物理	生物	英文
第6节	生物	英文	物理	生物	英文
第7节	生物	体育	体育	体育	化学
第8节	辅导课	辅导课	辅导课	辅导课	辅导课

2.新建一空白网页，将提供的"考试成绩.txt"导入网页中，创建表格中的名次数据并美化表格的外观。

学号	姓名	国文	英文	数学	物理	化学	生物	平均	名次
A001	王一山	100	60	98	87	68	95	84.67	3
A002	陈玉芬	90	100	51	84	77	84	81.00	5
A003	刘雪玲	85	69	69	85	85	86	79.83	6
A004	李晓玉	77	87	63	65	64	82	73.00	15
A005	陆明雄	98	85	64	84	85	74	81.67	4
A006	张世明	85	92	85	96	92	75	87.50	2
A007	何明芳	56	64	84	56	87	81	71.33	17
A008	许书琴	98	61	86	87	45	63	73.33	14
A009	郑明彬	26	66	75	52	89	58	61.00	20
A010	许泰山	91	75	79	83	56	77	76.83	9
A011	何进耕	81	98	81	87	25	84	76.00	10
A012	陈慧慧	84	48	85	95	84	56	75.33	12
A013	廖邦勇	96	62	93	68	56	95	78.33	7
A014	蔡俊彦	98	63	94	77	23	100	75.83	11
A015	蔡勇雄	75	100	98	99	100	76	91.33	1
A016	林明叶	19	87	100	88	58	84	72.67	16
A017	吴小玉	68	91	95	18	95	59	71.00	18
A018	王力维	77	84	84	65	78	77	77.50	8
A019	周清辉	49	93	100	15	56	68	63.50	19
A020	李时华	85	100	58	54	100	51	74.67	13

第 6 章 图片编排以美化网页："网络艺廊"页面设计

内容摘要

目前的网页设计潮流已从单纯的内容编排进步到页面整体的美术效果。强调版面布局、配色及个人风格，让网页注入新的生命力，正因为这股潮流的引导，让网页图片设计迈入一个新的领域。

本章重点在网页图片的添加及编辑调整，其中还包括背景图片的使用技巧及鼠标变换图像的功能。

教学目标

★ 添加网页图片：各种在页面上添加图片的方式

★ 图片编辑调整：使用属性面板调整图片，包括调整图片大小、图片边框、图片阴影、图片对齐、图片链接、更改图片及图片编辑功能

★ 背景图像使用技巧：设置网页背景图像、背景图像拼贴方式、设置固定不动的背景图像

★ 鼠标变换图像：插入鼠标经过图像的方法

★ 范例实战："网络艺廊"页面设计

6-1 添加网页图片

Dreamweaver 中有多种方式添加精美的图片，这里为了方便教学，先将范例文件中 "06" 文件夹复制到 C 磁盘中，再通过 "站点/新建站点" 功能，新建 "06 范例" 的站点来练习。

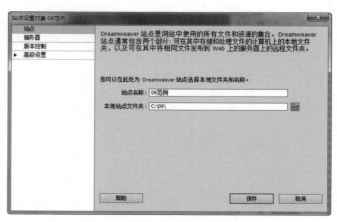

在"插入"面板中选择"图像"功能，可在网页中加入图片。如果要插入的来源图像是位于站点文件夹以外的其他位置，那么在插入时会询问是否要将图像文件复制一份到站点中，只要单击"是"按钮就行了。

步骤 1

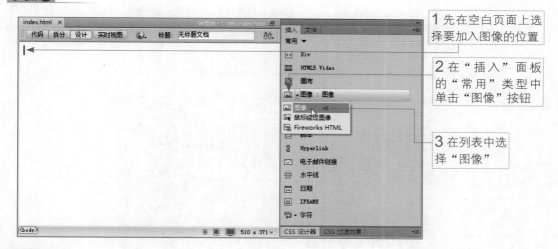

1 先在空白页面上选择要加入图像的位置

2 在"插入"面板的"常用"类型中单击"图像"按钮

3 在列表中选择"图像"

步骤 2

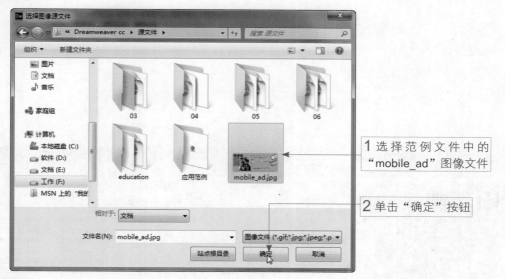

1 选择范例文件中的"mobile_ad"图像文件

2 单击"确定"按钮

步骤 3

因为图像文件不在"06 范例"的站点文件夹中，所以弹出此提示对话框。单击"是"按钮，将此图像复制一份到站点文件夹

步骤 4

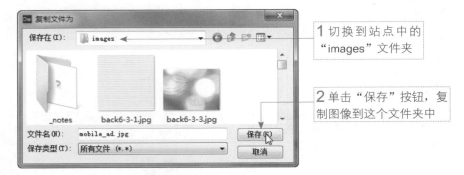

1 切换到站点中的
"images" 文件夹

2 单击"保存"按钮,复
制图像到这个文件夹中

步骤 5

显示插入到网
页中的图像

　　如果能先将要放置到网页上的图像复制到站点的"images"文件夹中,那么在网页中插入图像的步骤就能够简化,而且不易出错。

可直接将图片拖曳到网页上就可以了

如果没有在面板中看到
新加入的图像,可单击
"更新"按钮重新载入

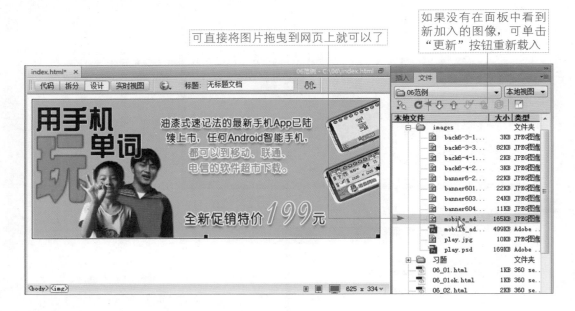

6-2　图片编辑调整

虽然图片及效果在网站建设初期就已经决定好，不过最后在利用 Dreamweaver 进行整合时，还是有可能做一些修改或调整，以配合整个网页的风格。要调整或编辑图片属性，通常都是通过"属性"面板来处理，下面针对 Dreamweaver 所提供的各项功能来做说明。

6-2-1　调整图片大小

图片加入到 Dreamweaver 后，如果发现图片尺寸需要缩小，可以通过以下方式做修正。

步骤 1

1 选择图片

2 展开"属性"面板，这里会显示目前图片文件的大小

步骤 2

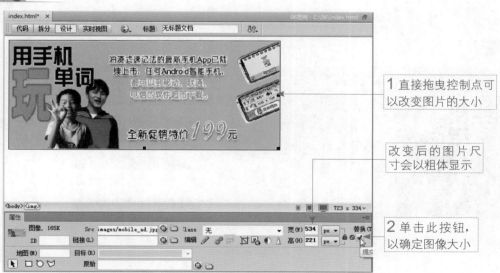

1 直接拖曳控制点可以改变图片的大小

改变后的图片尺寸会以粗体显示

2 单击此按钮，以确定图像大小

步骤 3

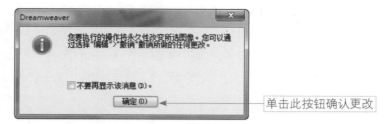

单击此按钮确认更改

当单击 ✔ 按钮后，图像文件将重新取样，也就是说图像的文件容量也随着改变。

6-2-2　加入图片边框

为图片加上边框可强化图像效果，不过必须添加 CSS 样式才能加入图片边框。打开"CSS 设计器"面板，其设置方式如下：

步骤 1

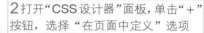

2 打开"CSS 设计器"面板，单击"+"按钮，选择"在页面中定义"选项

1 选择图片

步骤 2

1 选择 \<style\>

2 单击 "+" 按钮添加选择器

步骤 3

1 选择刚刚加入的选择器

2 单击 "border-color" 色块，然后选择橙色

步骤 4

2 此时编辑页面上会显示橙色边框，但是预览时并不会显示出来

1 在此将 "border-width" 设为 "5px"

步骤 5

2 按 "F12" 键预览网页时，就可以看到橙色的框线

1 再将 "border-style" 设为实线 "solid"

6-2-3 加入方块阴影（新增功能）

在 CC 版本中，也可以轻松为图片加入阴影。只要在"box-shadow"的属性上设置阴影的垂直/水平偏移值、模糊半径、扩散半径或色彩，就可以通过"实时视图"功能看到效果，而不需要再通过绘图软件来处理。

3 单击"实时视图"按钮，即可看到阴影

1 选择图片后，选择"box-shadow"

2 在此设置阴影的偏移值、模糊半径、色彩等属性

6-2-4 设置图片对齐

当段落文字及图片并存时，如果希望文字能够沿着图片右侧或左侧依序排列，可利用右键快捷菜单来选择"对齐"的方式。

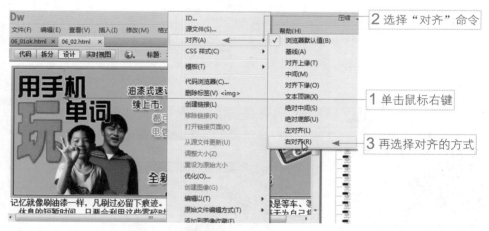

2 选择"对齐"命令

1 单击鼠标右键

3 再选择对齐的方式

另外，也可以直接在"CSS 设计器"面板中做设置，设置方式如下：

1 选择先前定义的图片选择器

2 单击"版面"按钮

3 设置 float 靠左或靠右对齐

选择"左对齐"或"右对齐"的方式会形成文绕图的编排效果，这是一般网页上常看到的编排方式，其显现结果如下。

图片右对齐

图片左对齐

6-2-5　设置图片超链接

要为图片加入超链接功能，可在"链接"处直接输入链接的网址，而详细的超链接功能，可参阅第 7 章的说明。

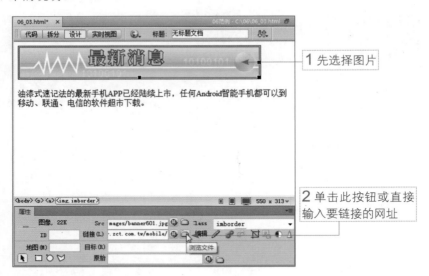

1 先选择图片

2 单击此按钮或直接输入要链接的网址

6-2-6　改变图片图像

想在不改变图片位置或效果的情况下，将页面上的图片更换成另一张图像，那么可将新的图像文件复制到目前站点中的"images"文件夹，再在"属性"面板中做更改。

步骤 ❶

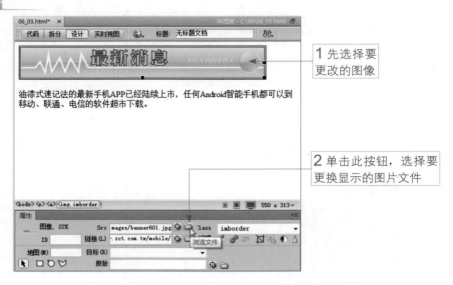

1 先选择要更改的图像

2 单击此按钮，选择要更换显示的图片文件

步骤 **2**

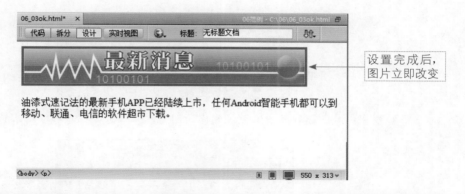

设置完成后，
图片立即改变

6-2-7　图片编辑功能

"属性"面板中提供几个可以针对图片编辑的功能。

图片编辑功能

由左至右，各按钮所代表的意义与功能说明如下。

★ 编辑：启动默认的 Photoshop 软件或其他已经设置好的图像外部编辑器来编辑图像。

★ 编辑图像：显示"图像优化"对话框，可快速选择图像优化的质量。

★ 从源文件更新：单击此按钮可直接从制作的原始图像文件更新网页图片。

★ 裁剪：用来裁剪部分图像范围。

★ 重新取样：当图像进行缩放调整时，可以利用此功能将调整后的图像设置为新的取样。

★ 亮度和对比度：对所选取的图像做亮度及对比度的调整，编辑时会打开如下所示的对话框。

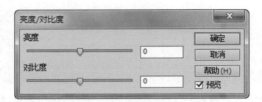

★ △ 锐化：对所选取的图像做锐利化的调整，编辑时会打开如下所示的对话框。

这里特别提及"编辑" Ps 的功能，这对网页设计师来说是一大福音。因为设计师可以将包含各别图层的 PSD 文件导入到网页中，插入的 PSD 文件会在图像左上角显示 的图标以利辨识，而导入后自动再转存一个 JPG 格式以供网页用。当在编排网页版面时，如果需要调整图片中的对象位置，只要单击 Ps 按钮，就能立即打开 Photoshopt 程序来编辑图像，编辑后存储 PSD 文件，回到 Dreamweaver 后，单击"属性"面板上的"从源文件更新" 按钮，即可完成图片的更新。

步骤 1

插入 PSD 文件会在此处显示图标，以利辨识

1 选择图片

2 单击此按钮启动 Photoshop 程序

步骤 2

1 选择图层

2 调整文字位置后，按"Ctrl+S"组合键保存文档

步骤 **3**

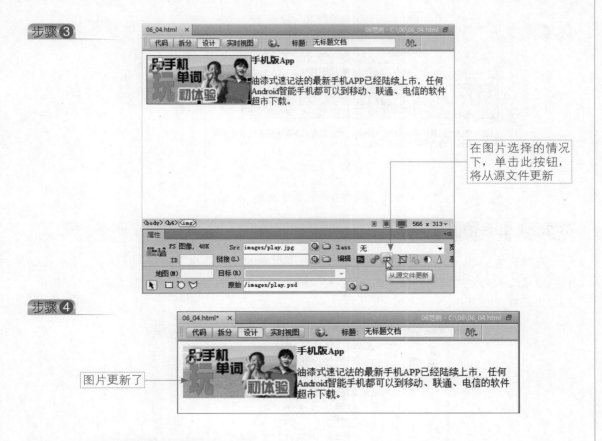

在图片选择的情况下，单击此按钮，将从源文件更新

步骤 **4**

图片更新了

6-3 背景图像使用技巧

背景图像有"单一图像"及"拼贴"两种效果类型，虽然使用"拼贴"方式的图像文档容量小，不过效果却较为单调。若要强调站点的风格，则可以考虑"单一图像"。

6-3-1 设置背景图像

这里先以"拼贴"的效果来介绍如何设置背景图像，执行"修改 / 页面属性"命令，在下图所示的对话框中进行设置。

步骤 **1**

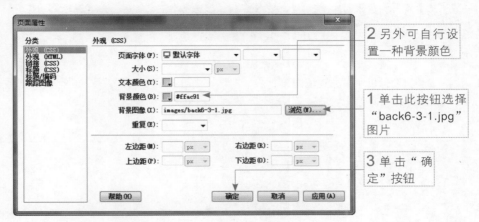

2 另外可自行设置一种背景颜色

1 单击此按钮选择"back6-3-1.jpg"图片

3 单击"确定"按钮

步骤②

设置后的背景效果

6-3-2　背景图像拼贴方式

在默认情况下，Dreamweaver 会将指定的图像文件自动拼贴填满网页画面，不过也可以根据页面效果的需要来调整拼贴模式，可执行"修改 / 页面属性"命令进入"页面属性"对话框，一起来了解拼贴方式。

下表中就是各种拼贴模式的效果说明：

设置类型	图像排列方式	画面预览
No-repeat 不重复	不会将图像拼贴填满整个网页画面，所以只会在左上角看到背景图像	
Repeat 重复	会将图像以拼贴方式填满整个网页画面	

（续表）

设置类型	图像排列方式	画面预览
Repeat-x 水平重复	会将图像以水平方式进行拼贴，所以只会在页面最上方看到背景图像	
Repeat-y 垂直重复	会将图像以垂直方式进行拼贴，所以只会在页面最左方看到背景图像	

6-3-3 固定不动的背景图像

以整张图像来作为背景图像，虽有助于站点主题风格的呈现，却也会产生另外一个问题。若所有的内容刚好在一个页面范围内，是不会有任何浏览上的问题；若所有内容超过一个页面，当浏览者滚动画面时，就会产生不美观的拼贴效果。事实上，这个问题可利用 CSS 功能来进行解决，可在空白网页上插入 "back6-3-3.jpg" 作为背景图像，然后依照以下进行设置即可。

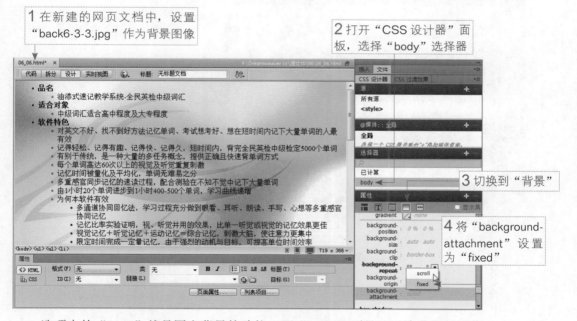

选项中的 "fixed" 就是固定背景的功能，而 "scroll" 则是可以滚动背景图像。

6-4 鼠标经过图像

使用 "鼠标经过图像" 所设计的变换效果比较单纯，也就是只能使用两张图像来进行动态切换。可以执行 "插入 / 图像 / 鼠标经过图像" 命令，或者通过 "插入" 面板进行设置。而下表就是我们要完成的动态效果。

状态名称	作用	图像文件名称
原始图像	当鼠标光标没有对按钮图像执行任何动作时	Banner604.jpg
鼠标经过图像	当鼠标光标移到按钮图像上方时	Banner603.jpg

其操作过程如下：

步骤 1

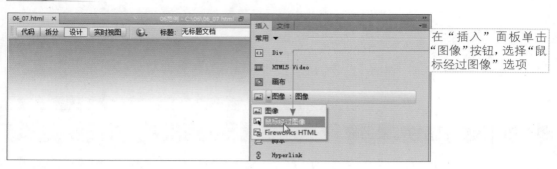

在"插入"面板单击"图像"按钮，选择"鼠标经过图像"选项

步骤 2

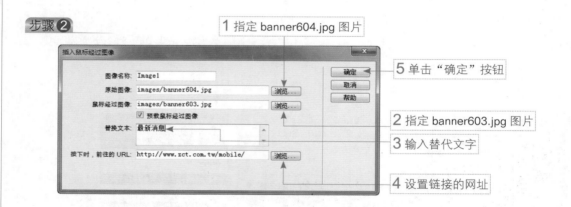

1 指定 banner604.jpg 图片

5 单击"确定"按钮

2 指定 banner603.jpg 图片

3 输入替代文字

4 设置链接的网址

步骤 3

2 鼠标移入时，图片就变换成红色的了

1 在"文档"工具栏上单击"实时视图"按钮实时查看效果

6-5　范例实战："网络艺廊"页面设计

打开"班级站点"中的"网络艺廊"页面"graphic.htm"。

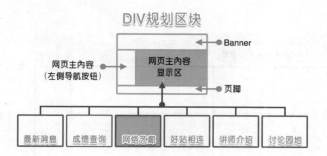

6-5-1　在表格中插入图片

在这里我们要利用表格来设计相簿，由于相簿中的每一张图像都需要有缩略图及原始图像两个文件，以作为链接之用。所以下面列出缩略图图像及原始图像文件的说明。

缩略图图像	原始图像
G01_S.jpg	G01_L.jpg
G02_S.jpg	G02_L.jpg
G03_S.jpg	G03_L.jpg
G04_S.jpg	G04_L.jpg

步骤 **1**

在"插入"面板中单击"表格"按钮

步骤 **2**

1 设置表格属性

2 单击此按钮确定

步骤 ❸

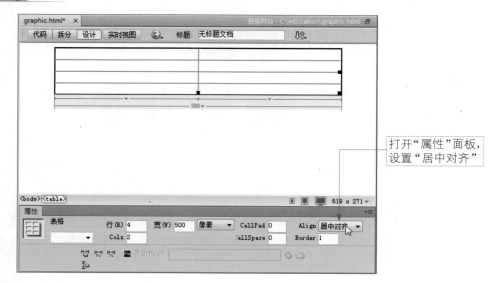

打开"属性"面板，设置"居中对齐"

步骤 ❹

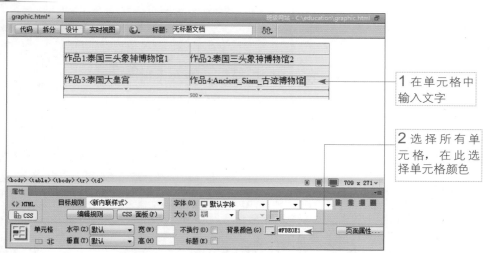

1 在单元格中输入文字

2 选择所有单元格，在此选择单元格颜色

步骤 ❺

1 选择单元格

2 单击"图像"按钮

步骤 6

1 选择缩略图图像

2 单击此按钮确定

步骤 7

依序在空白的单元格中
插入 4 张缩略图图像

6-5-2　加入图像超链接

　　缩略图放置完成后，最后就是将原始图像与缩略图之间建立链接。这里利用"属性"面板来做链接，并将目标设为"_blank"，以便以新建窗口的方式来显示原始图像。

步骤 ❶

1 选择第一张缩略图图像

2 单击此按钮浏览文件

步骤 ❷

1 选择一张图像

2 单击此按钮确定

步骤 ❸

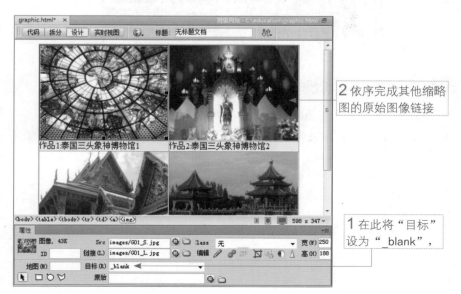

2 依序完成其他缩略图的原始图像链接

1 在此将"目标"设为"_blank",

完成以上的设置后，单击图片缩略图，就可以打开新窗口来显示原图像。

步骤 ❶

打开网页文档，
单击缩略图

步骤 ❷

以另一个标签页
显示原始图像

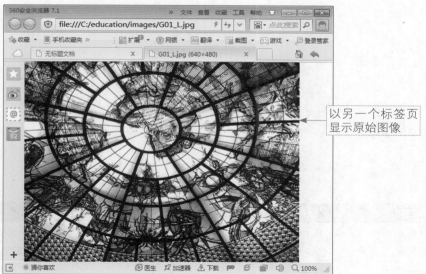

课后习题与练习

判断题

1.（　　）插入 Dreamweaver 网页中的图像，无法再进行尺寸大小的调整。

2.（　　）图像边框的颜色必须利用"CSS 设计器"面板才可做更改。

3.（　　）固定不动的背景效果需利用"CSS 设计器"面板来设置。

4.（　　）图片缩小后，也可以单击"重新取样"按钮来将调整后的图片作为新的取样。

5.（　　）为图像设置左对齐或右对齐，可做出文本绕图效果。

6.（　　）要设置图片对齐的方式，可单击鼠标右键做对齐设置。

选择题

1.（　　）要设置网页的背景图像时，可执行下列哪个命令？

　　（A）"修改 / 页面属性"　　　　　　（B）"网页 / 属性"

　　（C）"页面 / 背景"　　　　　　　　（D）"修改 / 背景"

2.（　　）Dreamweaver 不具备下列哪项图像处理功能？

　　（A）尺寸更改　　　　　　　　　　（B）裁切图像

　　（C）分辨率设置　　　　　　　　　（D）亮度调整

3.（　　）鼠标经过图像的功能可以使用几个图片文件来作为按钮效果？

　　（A）一个　　　　　　　　　　　　（B）二个

　　（C）三个　　　　　　　　　　　　（D）四个

4.（　　）Dreamweaver 中默认图像编辑器是哪一套软件？

　　（A）Photoshop　　　　　　　　　　（B）Firework

　　（C）PhotoImpact　　　　　　　　　（D）PaintShop Pro

5.（　　）对于图像的编辑，下列哪种说明有误？

　　（A）可做裁切　　　　　　　　　　（B）可设置亮度对比度

　　（C）可对图像做最佳化处理　　　　（D）可加入负片效果

问答题

1. 请说明替代文字有哪些作用？

2. 网页中的背景图像，可以采用哪两种效果类型？

练习题

请打开范例文件中的"exp601.html"网页，并使用下列图像设计出各个鼠标变换图像的效果，完成结果可参考 exp601_ok.html。

链接按钮	原始图像文件	鼠标变换图像文件	链接网址
Google	Exp601_1.gif	Exp601_1a.gif	http://www.google.cn
Yahoo! 奇摩	Exp601_2.gif	Exp601_2a.gif	http://tw.yahoo.com
PcHome	Exp601_3.gif	Exp601_3a.gif	http://www.pchome.cn

第7章 设置超链接以畅行无阻："好站相连"页面设计

内容摘要

　　在因特网中，超链接是将所有数据串连起来的基础。借助超链接，就可随心所欲地畅游网络世界而不受时空的限制，如果把网站比喻为住家，那么超链接就是四通八达的道路系统，将整个网络世界架构起来。本章将介绍各种超链接类型与其创建方式，接着再针对各种超链接的格式设置做一个整合式说明。

教学目标

- ★ 各种链接方式：网站内部与外部链接、电子邮件的超链接、文件下载的超链接、多个链接区域的图像地图
- ★ 超链接的其他设置：取消超链接下划线、设置超链接的文字格式、快速创建超链接、删除超链接
- ★ 范例实战："好站相连"页面设计。

7-1 各种链接方式

　　超链接功能不只是用来链接网址及页面，它还包括电子邮件、文件下载及锚点链接等其他形式的链接效果。因此，要先了解各种超链接的功能，才能根据需求选用适合的超链接。

7-1-1 网站内部链接

　　内部链接的作用是链接到网站中的其他页面，让浏览者可以浏览到网站中的其他页面数据。打开"班级网站"中的"index.html"，在此页面中做设置。

创建超链接文字

　　文字超链接是最基本的链接方式，先输入如下图所示的内容。输入链接文字时可在每组文字间加入空白及分隔线，这样不仅看起来美观，同时也可避免单击时的困扰。

步骤 **1**

2 输入 6 组链接文字

1 打开"班级网站"中的"index.html"网页

步骤 **2**

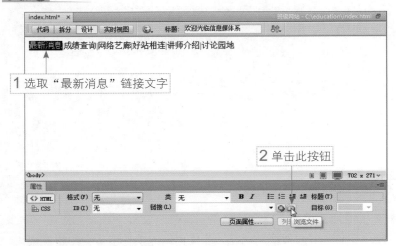

1 选取"最新消息"链接文字

2 单击此按钮

步骤 **3**

1 指定要链接的网页 news.html

2 单击"确定"按钮

步骤 ④

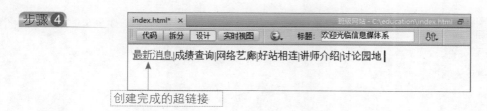

创建完成的超链接

使用"插入"面板的超链接功能

接下来，我们来练习如何通过"插入"面板来插入超链接。

步骤 ①

1 先选择要加入超链接的位置

2 再选择此项

步骤 ②

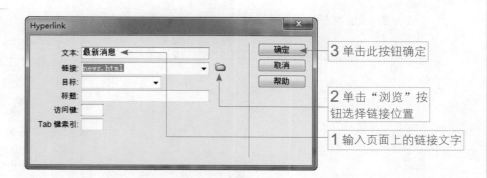

3 单击此按钮确定

2 单击"浏览"按钮选择链接位置

1 输入页面上的链接文字

步骤 ③

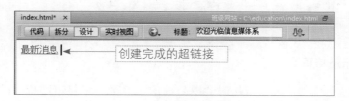

创建完成的超链接

创建超链接图片

运用图片来创建超链接的做法和文字相同，都是通过"属性"面板来设置。

1 打开范例文件

2 选择图像

3 再单击此按钮，
即可设置链接

7-1-2　网站外部链接

网站外部链接是指要连到其他网址，目前有很多网站都会互相交换链接，以扩大网站的曝光率。

创建链接方式

无论是文字或图片，在创建网站外部链接时的做法都一样。这里我们要链接到可下载文件的"http://toget.pchome.com.tw/rank/index.html"网站。

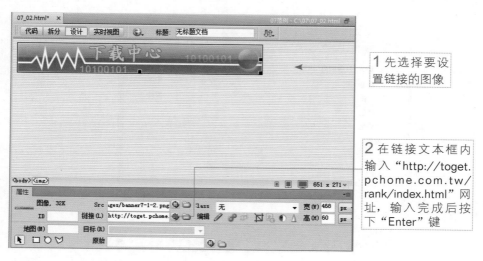

1 先选择要设
置链接的图像

2 在链接文本框内
输入"http://toget.
pchome.com.tw/
rank/index.html"网
址，输入完成后按
下"Enter"键

以新窗口显示链接页面

在默认的情况下，当单击超链接时会以目前的窗口画面来显示链接后的页面内容，不过可以稍加修改，让链接画面以新窗口的方式呈现。

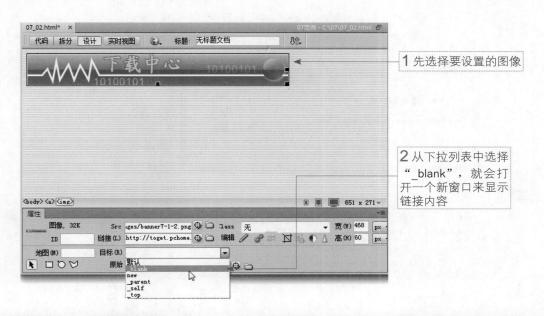

1 先选择要设置的图像

2 从下拉列表中选择 "_blank"，就会打开一个新窗口来显示链接内容

7-1-3 电子邮件链接

电子邮件链接提供了一个方便的通信管道，除了信件及电话以外，几乎所有的商业网站都提供了电子邮件的链接，以作为服务的一部分。

利用"插入"面板

在"插入"面板中可直接加入邮件链接的图标，也可以利用"插入 / 电子邮件链接"命令来插入。

步骤 ❶

1 先选择要加入电子邮件链接的位置

2 再单击此按钮

步骤 2

1 先输入要显示在页面上的链接文字

3 单击此按钮确定

2 再输入电子邮件位置

步骤 3

完成电子邮件的超链接

使用链接图片

也可以在图片上直接创建电子邮件链接，不过链接要在电子邮件地址前面加上"mailto："而非"http：//"。

1 选择图片文件

2 再在"链接"中输入"mailto:caopeiqiangcr@163.com"

在广告邮件非常泛滥的今天，一些没有信件主题的邮件很容易被认为是广告邮件而删除，为了避免误删的情形发生，可以在电子邮件链接中另外加上邮件的"信件主题"，这样在收信时，就会知道这是一封浏览者表达意见的邮件了。可在电子邮件链接的后面加上"?subject=读者意见"文字，而完整的写法为"mailto: caopeiqiangcr@163.com ?subject=读者意见"，其中的"读者意见"4个字是本节中的范例，可以视需要自行改成其他的文字。

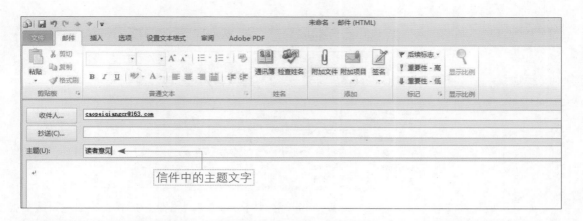

信件中的主题文字

7-1-4 文件下载链接

如果网站中有一些文件资料要让浏览者下载，就可以在页面中创建文件下载的链接。设置方式如下：

步骤 **1**

1 先选择要设置链接的图片

2 再单击此按钮

步骤 **2**

1 先选择范例文件中的"loadimage"文件

2 单击此按钮确定

步骤③

创建完成的
下载链接

如果所链接的文件是属于 .jpg、.gif、.png 等图片格式时，浏览器会将链接的图片直接显示在画面上，而不会出现"文件下载"的窗口画面。另外，像影片、音乐文件等媒体格式或是 DOC 及 PDF 文件格式，当单击下载链接时，若系统中已安装对应的软件，便会自动打开，若是希望对方下载完成后再打开，可以事先将要下载的文件压缩成 ZIP 或 RAR 等压缩文件格式。

7-1-5　图像地图

图像地图是一种网页导航结构，它能在单一图像上创建许多的链接区域。因此可以设计一张导航图像，然后利用图像地图的功能，在上面创建多个链接区域，如此即可让页面风格完整呈现，又可同时兼顾导航链接的功能。

图像地图的链接区域有"矩形"、"圆形"及"多边形"3 个外形可以选用，可以从"属性"面板上做选择。

矩形链接区域

步骤①

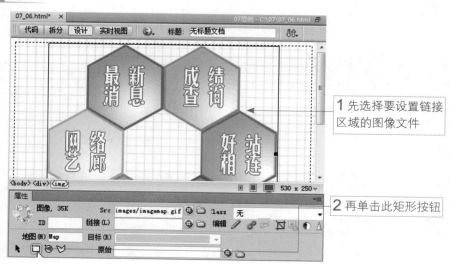

1 先选择要设置链接区域的图像文件

2 再单击此矩形按钮

步骤 2

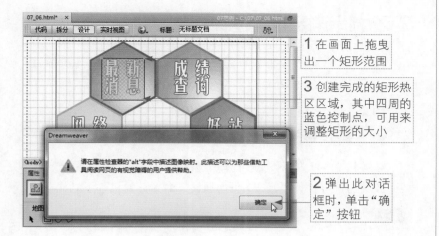

1 在画面上拖曳出一个矩形范围

3 创建完成的矩形热区区域,其中四周的蓝色控制点,可用来调整矩形的大小

2 弹出此对话框时,单击"确定"按钮

圆形链接区域

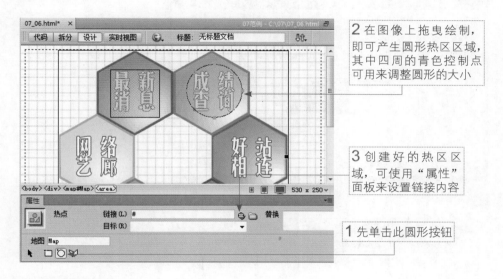

2 在图像上拖曳绘制,即可产生圆形热区区域,其中四周的青色控制点可用来调整圆形的大小

3 创建好的热区区域,可使用"属性"面板来设置链接内容

1 先单击此圆形按钮

多边形链接区域

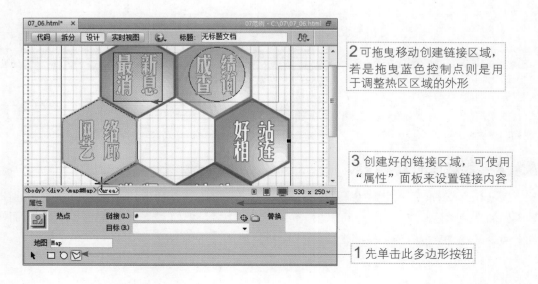

2 可拖曳移动创建链接区域,若是拖曳蓝色控制点则是用于调整热区区域的外形

3 创建好的链接区域,可使用"属性"面板来设置链接内容

1 先单击此多边形按钮

7-2 超链接的其他设置

前面介绍了软件中的各种超链接的创建方式，不过还没结束，因为 Dreamweaver 还可进一步的为超链接文字加上"下划线样式"及"颜色"等效果样式，让超链接与页面风格更具一致性。

7-2-1 取消链接下划线

超链接文字上的下划线可算是超链接的商标，不过这个下划线是可以依据页面风格的需要而取消的，可执行"修改 / 页面属性"命令，通过"下划线样式"来做设置。

步骤 ①

步骤 ②

以下列出下划线样式的相关设置供各位参考：

样式名称	作用
始终有下划线	在超链接文字上使用下划线效果
始终无下划线	在超链接文字上不使用下划线效果
仅在变换图像时显示下划线	平时不显示下划线，当鼠标移过时才显示下划线
变换图像时隐藏下划线	平时会显示下划线，当鼠标移过时才隐藏下划线

7-2-2 超链接的文字格式

Dreamweaver 将页面上的超链接文字分为 4 种使用状态，并且还可以对这 4 种状态分别设置不同的文字颜色，以让浏览者可以根据颜色来判断页面的浏览情形，可执行"修改 / 页面属性"命令，在"链接"分类中做设置。

步骤 ①

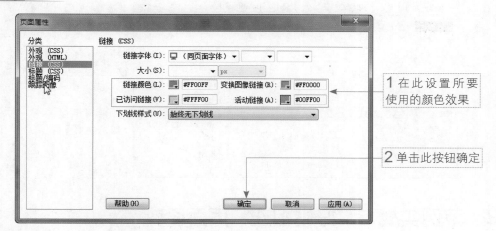

1 在此设置所要使用的颜色效果

2 单击此按钮确定

步骤 ②

设置完成的超链接文字颜色效果

各项链接效果如下：

设置名称	作用
链接颜色	鼠标单击链接文字前的文字颜色
变换图像链接	鼠标移过文字上方时的文字颜色
已访问链接	链接过后的文字颜色
活动的链接	当鼠标单击超链接文字时所显示的文字颜色

7-2-3 快速创建超链接

只要是在页面上创建过的链接，要再使用时就从"属性"面板中的直接选用即可。

1 单击此箭头按钮

2 下拉列表中会显示在页面中曾经建立过的链接位置

7-2-4 删除超链接

如果要去除文字或图片上的超链接时，只要将"属性"面板上的链接信息删除就可以了。

1 先选择要去除超链接的文字

2 再将链接的信息内容删除

7-3 范例实战："好站相连"页面设计

打开"班级网站"中的"好站相连"页面"links.html"。

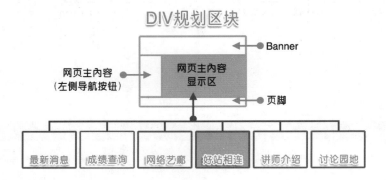

7-3-1 页面加入表格

先在网页加入一个 2 行 2 列的表格，然后在第 1 列的单元格中插入 "links_001.gif" 与 "links_002.gif" 两张图像。

步骤 1

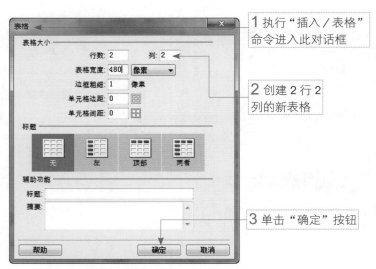

1 执行"插入/表格"命令进入此对话框

2 创建 2 行 2 列的新表格

3 单击"确定"按钮

步骤 **2**

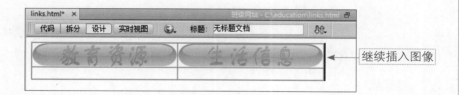

继续插入图像

7-3-2　创建超链接内容

打开范例文件中的"应用范例 / 文本 / 好站相连 .txt"文本文件，接着利用"复制"与"粘贴"命令创建如图中的内容。

最后再使用文件中的网址来创建表格内的超链接效果，同时在设置超链接时将链接目标调整为"_blank"。

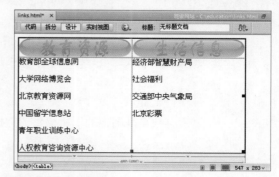

1　选取文字

2　将链接网址复制到此

3　目标设为"_blank"

课后习题与练习

判断题

1.（　　）链接到其他网站的超链接，是属于外部链接。

2.（　　）链接外部网站时，网址前面的"HTTP://"可有可无。

3.（　　）图像地图功能可以在同一张图像上创建多组超链接。

4.（　　）超链接的文字颜色可以自由设置。

5.（　　）由"插入"面板可以插入超链接或电子邮件。

6.（　　）所链接下载的文件若属于 .jpg、.gif、.png 等图片格式，浏览器会将链接的图片直接显示在窗口中。

7.（　　）若希望对方下载后再打开文件时，就必须将下载的文件压缩成 ZIP 或 RAR 等压缩文件格式。

8.（　　）因特网中，超链接是将所有数据串连起来的基础。

9.（　　）要在电子邮件链接中加上邮件的主题，就必须在电子邮件链接的后面加上"?subject= 主题文字"。

选择题

1.（　　）电子邮件链接的前面要加上：

　　（A）ftp:　　　　　　（B）http:　　　　　（C）mailto:　　　　　　（D）file:。

2.（　　）要在新窗口显示链接网页时，要将链接目标设置为：

　　（A）_top　　　　　　（B）_blank　　　　　（C）_parent　　　　　　（D）_self。

3.（　　）要取消超链接的下划线效果时，可执行：

　　（A）"链接 / 属性"　　　　　　　　　　（B）"设置 / 超链接"

　　（C）"超链接 / 设置"　　　　　　　　　（D）"修改 / 页面属性"。

4.（　　）下列哪项不是图像地图所提供的链接造型？

　　（A）星形　　　　　（B）矩形　　　　　（C）圆形　　　　　　（D）多边形

5.（　　）链接到网站中的其他网页，称之为：

　　（A）外部链接　　　　　　　　　　　　（B）内部链接

　　（C）电子邮件链接　　　　　　　　　　（D）文件下载链接

问答题

1. 请列举 4 种链接类型。

2. 请简述图像地图的功能。

练习题

打开范例文件中 exp701.html，并且利用图像地图的方式，创建图像中三个按钮的链接。

链接按钮	链接网址
Google	https://www.google.cn
Yahoo! 奇摩	http://tw.yahoo.com
PcHome	http://www.pchome.cn

第8章 网站上传与管理

内容摘要

网站建设完成后，还要再把它上传到网站服务器主机，才能让浏览者进行浏览。要上传设计好的网站不必借助其他软件，Dreamweaver 本身就具备有 FTP 上传的功能，让网站从建立到上传的整个流程，都可以在 Dreamweaver 中完成。

另外，Dreamweaver 不只网站建设功能强大与多样化，就连设计过程中的维护与管理工具，也是非常方便，让设计者能专注的进行网站开发，而不需为了繁杂的管理工作而分心。

本章重点在于如何将网站上传到服务器，以及日后如何对网站文件进行更新，以节省上传时所花费的时间。另外，本章也会针对 Dreamweaver 中的各项网站管理与维护工具作介绍。

教学目标

- ★ 申请网站空间：介绍如何取得网站空间
- ★ 网站资料上传：如何链接网站服务器、利用 Dreamweaver 上传整个网站
- ★ 上传文件的操作：上传个别网页
- ★ 检查网站的使用状况：检查网站范围的链接、更改网站链接、查看网站报告、查看 FTP 记录
- ★ PhoneGap 服务

8-1 申请网站空间

制作好的网页在测试无误后，必须上传到网站服务器，才算是完成"发布"的动作，其他人也才能通过网络浏览到你所设计的网页。一般而言，企业或组织团体应该都已有现成的网站服务器可以使用，若你尚未有任何网站服务器，那么就必须申请一个网络空间，才能将网页上传到网络上。

8-1-1 付费网站空间

现在大部分的网站空间都需要付费才能使用，它们能提供稳定的设备、充裕的带宽和网站空间。可参考下表：

网站名称	网址
美橙互联	http://www.cndns.com/
花生壳	http://www.oray.com/hosting/
维亿数据	http://www.vysj.com/servertj.html

8-1-2　申请免费网站空间

自从博客（Blog）与 Facebook 盛行之后，建立个人网站的网友就越来越少。因此，目前有提供免费网站空间的服务网站并不多，不过大家仍可以自行上网搜寻免费的网站空间。另外，也可以上网到云网互联的网站（http://www.yuisp.com/），我们注册一个免费空间，在试用期间就能拥有个人的网站 / 网站空间、专属留言版、讨论区、电子邮件寄送、个人店铺等。

步骤 **1**

输入云网互联的网址后，进行免费注册。
由此输入电子邮件信箱、密码、验证码后，阅读相关条款后，即可单击"完成注册"按钮送出数据

步骤 **2**

输入用户名和密码后单击"登陆"按钮

8-2 网站资料上传

　　等网站空间申请完成后，就可以回到 Dreamweaver 中来进行网站的上传。对于上传地址、账号、密码等信息，最好用纸张记录下来，因为这些在 Dreamweaver 上传时都会用到。执行"站点 / 管理站点"命令，我们先来设置服务器主机的相关信息，同时测试一下服务器的连接功能。

步骤 **1**

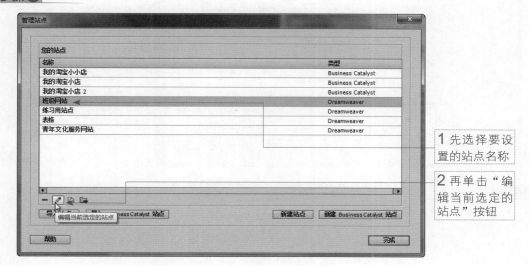

1 先选择要设置的站点名称

2 再单击"编辑当前选定的站点"按钮

步骤 **2**

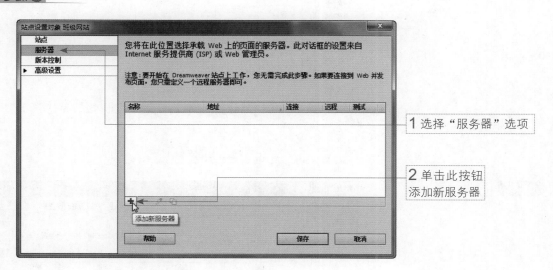

1 选择"服务器"选项

2 单击此按钮添加新服务器

步骤 3

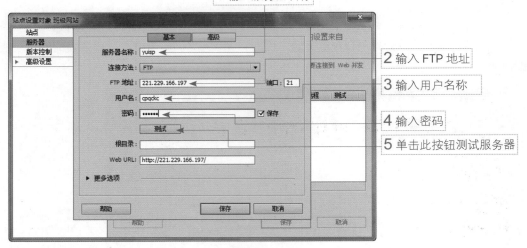

1 输入服务器名称

2 输入 FTP 地址

3 输入用户名称

4 输入密码

5 单击此按钮测试服务器

步骤 4

显示连接成功，单击此按钮确定

步骤 5

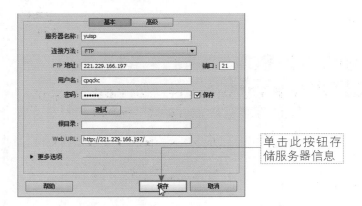

单击此按钮存储服务器信息

步骤 6

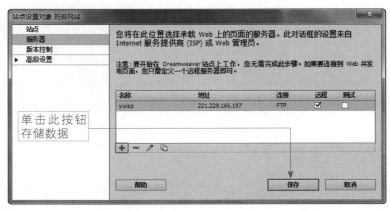

单击此按钮存储数据

步骤 7

单击此按钮确定

刚才的连接测试确定无误之后，接下来要执行真正的连接操作。

步骤 8

1 先单击此按钮
进行服务器连接

2 再单击此按钮，
展开文件面板

步骤 9

显示展开的状态

　　展开后的面板区分为左右两个部分，左侧是服务器主机的数据内容，在默认的状态下会有一些默认的文件，而右侧则是本端主机中的站点文件列表。若是第一次进行上传，那么只要将整个站点内容全部上传即可。

步骤 **1**

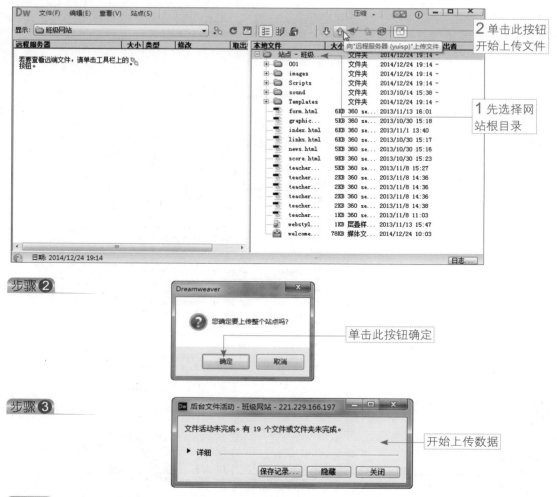

2 单击此按钮
开始上传文件

1 先选择网
站根目录

步骤 **2**

单击此按钮确定

步骤 **3**

开始上传数据

步骤 **4**

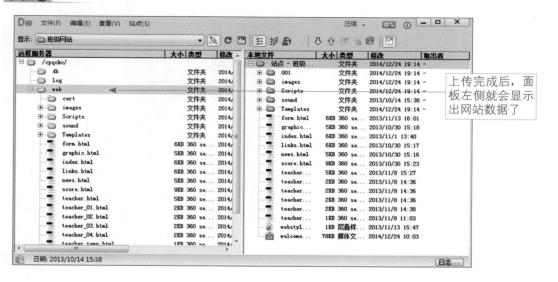

上传完成后，面
板左侧就会显示
出网站数据了

以后只要输入网址"http://cpqckc.y.cscces.net/"，就可以连接到自己的网站空间了。

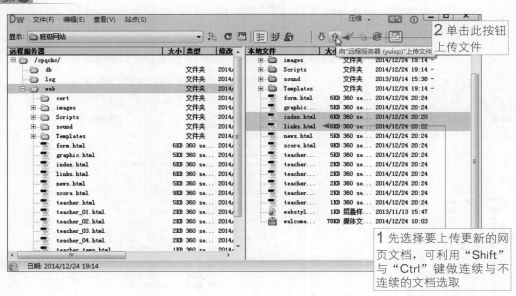

8-3 上传文件的操作

一个成功的网站必须时常更新数据内容，才能让网站保持最佳的竞争力，尤其对专业性的网站而言，若是没有随着流行趋势来调整网站内容，很容易就会被其他网站所取代。整个网站内容的上传是属于第一次上传时才要执行的动作，以后再上传时，只针对有修改的网页文件即可。

步骤 1

步骤②

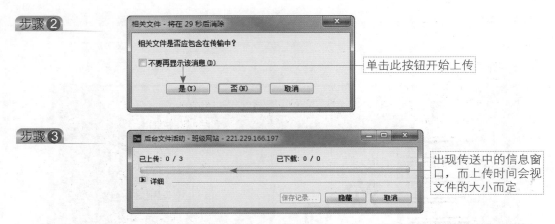

单击此按钮开始上传

步骤③

出现传送中的信息窗口，而上传时间会视文件的大小而定

除了上传以外，也可以直接删除网站中不再使用的文件，而不需使用任何的操作窗口。

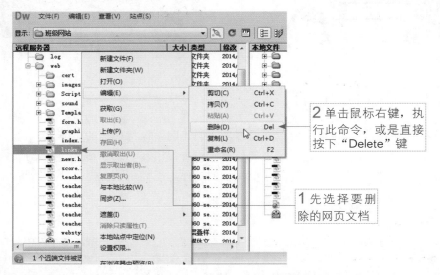

2 单击鼠标右键，执行此命令，或是直接按下 "Delete" 键

1 先选择要删除的网页文档

要是无意中删除了本机中的某个文件，也可以将网站中的文件下载回来。

2 单击此按钮下载网页文档

1 选择要下载的网页文档

8-4 检查网站的使用状况

随时掌握网站及网页的设计状况是网站开发者所要注意的，但在 Dreamweaver 中，则不用一一地对各个网页进行检查，因为 Dreamweaver 早就准备好各种检查工具，只要直接观看检查结果就可以了。

8-4-1 检查整个网站的链接

文件的名称及位置一旦变动，影响最直接的就是超链接的位置了。为了避免错误链接的产生，最好利用 Dreamweaver 的超链接检查功能来做一次彻底检查。

可检查的超链接类型

类型名称	检查状态
无效的链接	显示有错误的链接
外部链接	显示链接到其他网址的外部链接
孤立文件	显示网站中没有被链接或是使用到的文件

检查链接的方式

执行"站点 / 检查站点范围的链接"命令，显示此面板。

步骤 ❶

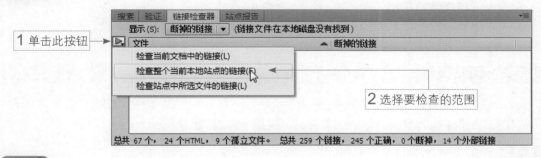

步骤 ❷

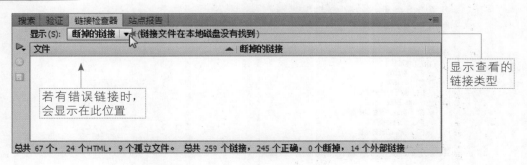

步骤 **3**

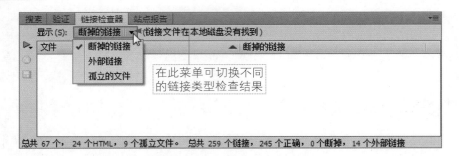

8-4-2　更改网站链接

如果网站中有多个页面同时链接到某网页,但却因为网站内容的更新,而需要同时修改链接位置时,就可以利用"更改站点链接"的功能来一次处理,不用手动方式来一一修改。执行"站点 / 更改站点范围的链接"命令,进入下图所示。

8-4-3　网站报告

此功能可以针对"目前文档"、"整个当前本地站点"、"站点中已选文件"及"文件夹"等方式来产生报表,以作为设计时的参考。可执行"站点 / 报表"命令,进入下图。

步骤 **1**

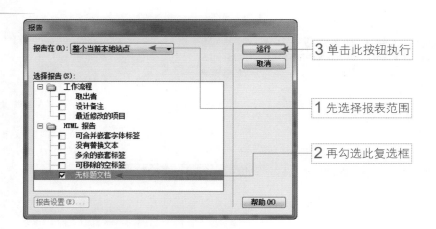

步骤 ②

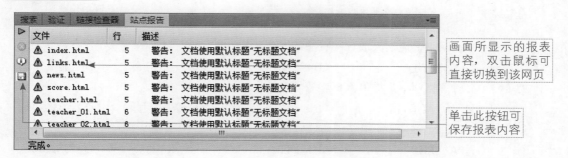

画面所显示的报表内容，双击鼠标可直接切换到该网页

单击此按钮可保存报表内容

8-4-4 FTP 记录

执行"站点 / 高级 /FTP 记录"命令，会记录及显示网站文件上传与下载的操作信息。

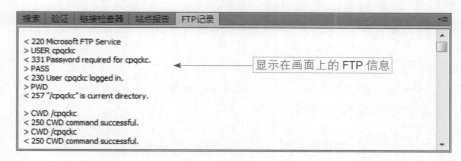

显示在画面上的 FTP 信息

8-5 PhoneGap 服务

最近几年，手机应用程序的开发越来越热门，为了减少开发者的学习时间，并延续 Web 的开发经验，因此就有人将 html、CSS、JavaScript 包装成应用程序的工具，如 PhoneGap 就是属于这类的共享资源。也就是说 PhoneGap 是一种免费且开放的资源，它让应用程序只要建立一次，就能发布到 Android、Blackberry 等各种智能手机。由于 PhoneGap 主要是提供给网页开发人员来使用的一种服务，在此不做进一步的说明。

课后习题与练习

判断题

1.（　　）Dreamweaver 提供强大的网页设计功能，但发布网页的工作必须依赖其他软件。

2.（　　）上传网站时，可以只选择部分修改的网页上传。

3.（　　）要让 Dreamweaver 能链接到网站服务器，除了服务器的地址外，还需要登录账号与昵称。

4.（　　）如果担心网页中有无效的链接，可使用 Dreamweaver 的"浏览器兼容性查看"功能。

5.（　　）Dreamweaver 的上传功能，可一次上传整个站点文件夹。

6.（　　）上传到远程服务器上的网页内容，如果不需使用的文件，也可以个别删除。

选择题

1.（　　）在网络上能让人放置网页的地方，称为？

　　（A）网址　　　　　　（B）博客　　　　　　（C）入口网站　　（D）网页空间

2.（　　）以下哪项不是提供网页服务的网站？

　　（A）维基百科　　　　（B）花生壳　　　　　（C）美橙互联　　（D）维亿数据

3.（　　）Dreamweaver 使用哪种通信协议上传网页？

　　（A）PHP　　　　　　（B）FTP　　　　　　（C）HTTP　　　　（D）SMTP

4.（　　）使用 Dreamweaver 的链接检查器，可针对哪些链接进行检查？

　　（A）无效的链接　　　（B）外部链接　　　　（C）孤立文件　　（D）以上皆可

填空题

1. 若要以 Dreamweaver 将站点上传，必须在设置画面中填入＿＿＿＿＿＿＿、密码及＿＿＿＿＿＿＿。

2. 若因为网站内容的更新而需要同时修改多个网页链接位置时，可以利用＿＿＿＿＿＿＿＿＿的功能来一次处理。

3. 制作好的网页在测试无误后，必须上传到网站服务器，才算是完成＿＿＿＿＿＿＿＿＿的动作，其他人才能通过网络浏览到你的网页。

本篇将要介绍 Dreamweaver 中有关动画、增强网页美感、整体规划的制作部分，通过这些进阶的设置与调整，为设计的网站作加分的效果。

第三篇

运用美感决胜：多媒体建设篇

第 9 章　DIV 设置以灵活页面：规划网页区块与按钮区

内容摘要

　　在 CC 版本中，网站的结构已经做了大幅度的修正，原有的 AP 元素及页框功能已经被删除，连 Spry 组件的应用也消失了，取而代之的则是以 DIV 标签来规划区块。因此这一章节中将为大家讲解如何运用 DIV 标签来规划网页区块，用以强化页面的编排效果。

教学目标

　　★　以 DIV 标签规划区块：插入 DIV 标签、以 CSS 设置标签大小 / 背景色、同时设置 DIV 标签与 CSS 规则、编辑 DIV 标签的 CSS 样式、为 DIV 区块加入圆角 / 渐变色 / 阴影、标签中插入网页元素
　　★　跟踪图像：运用跟踪图像来辅助设计
　　★　范例实战：规划网页区块与按钮区

9-1　以 DIV 标签规划区块

　　现今的网站内容越来越多元化，想要让很多信息都可以在首页中就可以找到，那么网页区块的规划就显得格外重要。通过网页区块的划分，再分配网页内容，这样网页看起来会比较有条理，才不会杂乱无章。要规划区块，Dreamweaver 提供了 DIV 标签功能，可以让设计师为网页定义区块，同时为不同的区块个别设置样式。这一小节就针对 DIV 标签的插入方式、大小、背景色或网页组件插入方式等内容，为大家做说明。

9-1-1　插入 DIV 标签

　　要使用 DIV 标签，首先就要预先想好版面区块的配置方式，这样在实际创建 DIV 标签时才不会搞迷糊。这里以 "劲松职业高中" 网页（http://www.jszg.com.cn/）做说明，网页可以简要地区分为上方的页眉、中间的主要网页内容及页脚 3 个部分，而中间还可划分为左、右两栏。

页眉 banner（header）

网页内可划分为左/右两栏（contentLeft、maincontent）

页脚（footer）

　　决定区块的分割方式后，接下来就要准备插入 DIV 标签。特别注意的是，标签的命名不可使用中文、不可包含空格或特殊符号，同时第一个字符也必须使用英文字母，其余的字符可以用数字或英文。另外，CC 版本特别在"插入"面板中新增了"结构"功能，包含 DIV、页眉、页脚、标题、项目列表、段落、文章等各种与结构有关的标签，方便用户加入，大家不妨多加利用。

步骤 ①

1 打开空白网页

2 在"插入"面板中选择"结构"

3 单击"页眉"按钮

步骤 ②

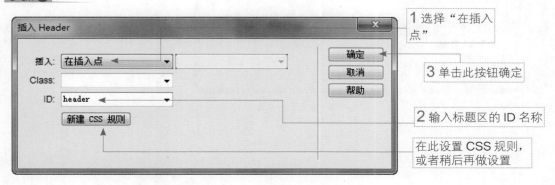

1 选择"在插入点"

3 单击此按钮确定

2 输入标题区的 ID 名称

在此设置 CSS 规则，或者稍后再做设置

163

步骤 3

2 单击此按钮插入 DIV 标签

1 标题区的区块已经建立，将输入点放在区块中

步骤 4

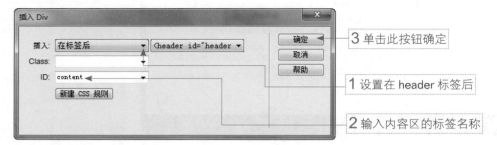

3 单击此按钮确定

1 设置在 header 标签后

2 输入内容区的标签名称

步骤 5

1 内容区已显示在标题区之下

2 单击"页脚"按钮

步骤 6

3 单击此按钮确定

1 选择在 content 标签后

2 输入页脚的标签名称

步骤 7

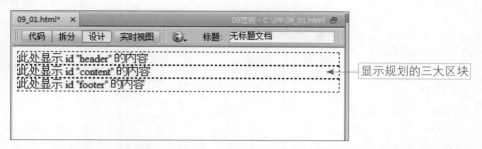

显示规划的三大区块

将三大区块划分出来之后，接下来要在"content"的区块范围内，插入"contentleft"与"maincontent"两个标签。为了方便观看 DIV 标签是否插入正确的位置，可以切换到代码与设计同时显示的模式下。

步骤 1

2 单击此按钮插入标签

1 将插入点放在"content"标签之中

步骤 2

3 单击此按钮确定

1 设置"在标签开始之后"

2 输入内容左侧的标签名称

步骤 3

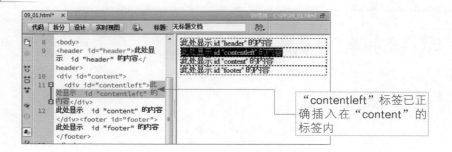

"contentleft"标签已正确插入在"content"的标签内

接下来，还要在"contentleft"标签之后插入"maincontent"标签。

步骤①

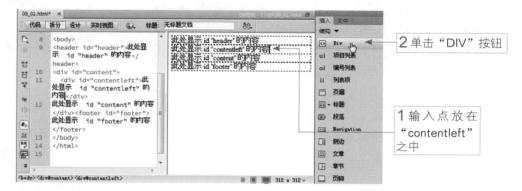

步骤②

步骤③

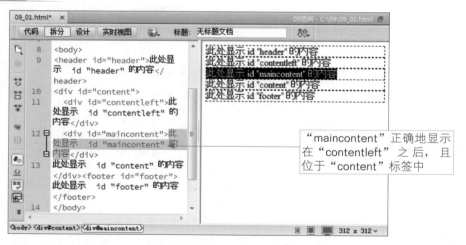

9-1-2 以 CSS 设置 DIV 标签大小 / 背景色

刚刚已经将区块划分出来，但是因为没有一并设置 CSS 样式，所以接下来要添加 CSS 规则，以便设置区块的大小及背景色。

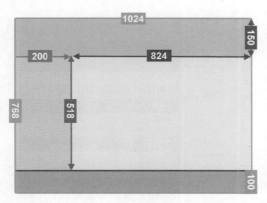

首先来看看页眉（header）的设置方式，其余的设置请大家自行练习。

步骤 **1**

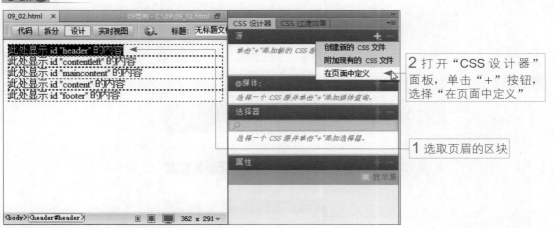

2 打开"CSS 设计器"面板，单击"+"按钮，选择"在页面中定义"

1 选取页眉的区块

步骤 **2**

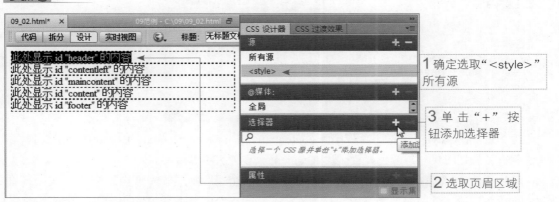

1 确定选取"<style>"所有源

3 单击"+"按钮添加选择器

2 选取页眉区域

步骤 ❸

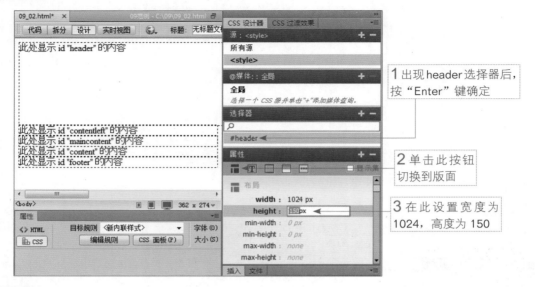

步骤 ❹

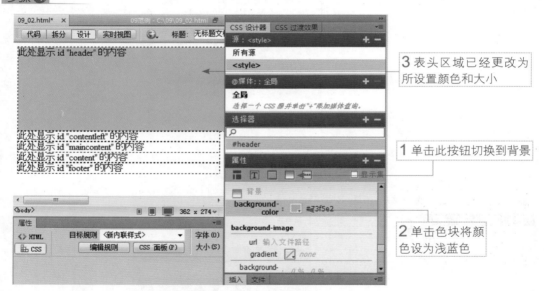

接下来，在 <style> 来源下，依序为 contentleft、maincontent、content、footer 添加选择器，并依照前面规划的尺寸与颜色设置区块（content 只设置大小即可）。

通过以上方式完成设置后，会发现"maincontent"区块并未依照构思中的方式排列在"contentleft"右侧，此时只要利用"float"属性，将"contentleft"区块设置为"left"，"maincontent"区块设置为"right"，这样左右的两个标签就可以分别靠左和靠右浮动了。

步骤 1

1 输入点放在"contentleft"中

2 单击"版面"按钮

3 移到下方，找到"float"，单击"Left"按钮

步骤 2

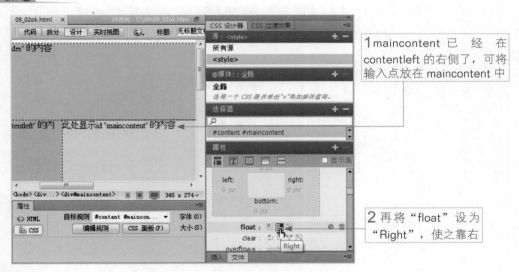

1 maincontent 已经在 contentleft 的右侧了，可将输入点放在 maincontent 中

2 再将"float"设为"Right"，使之靠右

步骤 3

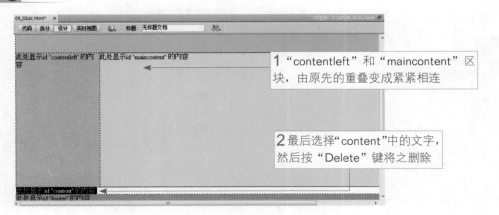

1 "contentleft"和"maincontent"区块，由原先的重叠变成紧紧相连

2 最后选择"content"中的文字，然后按"Delete"键将之删除

步骤 4

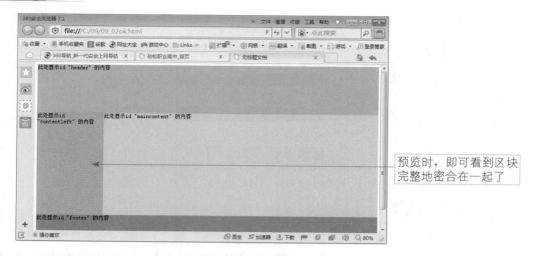

预览时，即可看到区块
完整地密合在一起了

9-1-3　同时设置 DIV 标签与 CSS 规则

前面介绍的方式，是在规划 DIV 标签后再来设置 CSS 规则，不过也可以在添加 DIV 标签
的同时，一起新建 CSS 规则。由于设置方式和前面略有不同，在此为大家做示范说明。

步骤 1

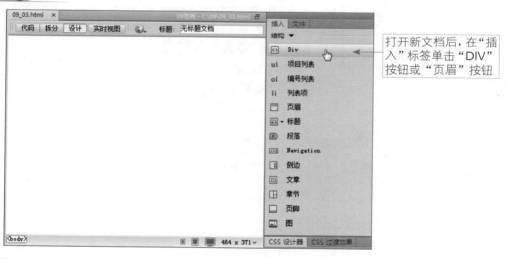

打开新文档后，在"插
入"标签单击"DIV"
按钮或"页眉"按钮

步骤 2

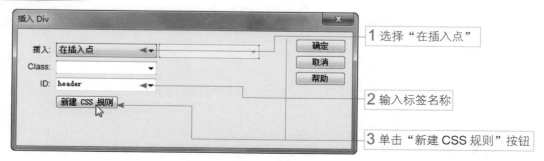

1 选择"在插入点"

2 输入标签名称

3 单击"新建 CSS 规则"按钮

步骤 3

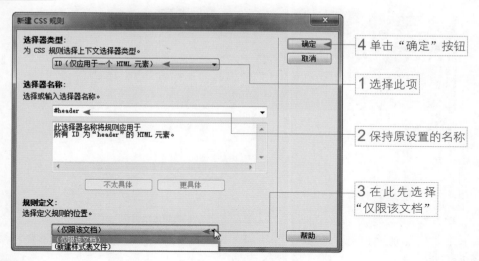

4 单击 "确定" 按钮

1 选择此项

2 保持原设置的名称

3 在此先选择
"仅限该文档"

步骤 4

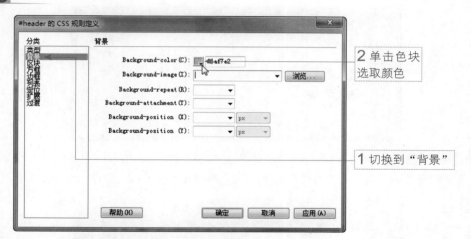

2 单击色块
选取颜色

1 切换到 "背景"

步骤 5

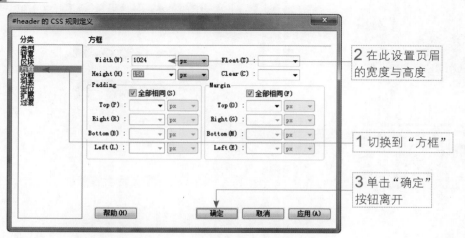

2 在此设置页眉
的宽度与高度

1 切换到 "方框"

3 单击 "确定"
按钮离开

步骤 6

页眉一并设置好尺寸与颜色了

接下来，依照前面的方式，依序在 header 标签后加入 content、footer 等区块，再单击 新建 CSS 规则 按钮设置"背景"和"方框"的属性。

完成区块的加入后，若要设置 contentleft 与 maincontent 区块的浮动方式，可直接在"CSS设计器"面板设置，或者单击"属性"面板上的 编辑规则 按钮，就会进入如下所示的对话框。

步骤 1

1 输入点放在"contentleft"区块中

也可以在此做设置

2 单击"编辑规则"按钮

步骤 2

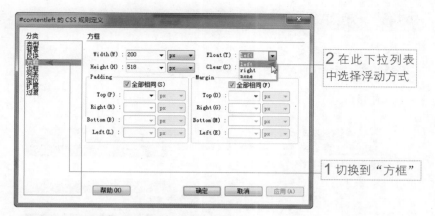

2 在此下拉列表中选择浮动方式

1 切换到"方框"

通过这样的方式，也可以顺利地规划 DIV 区块大小和样式。

9-1-4　编辑 DIV 标签的 CSS 样式

在 DIV 标签中加入 CSS 样式后，如果需要修改或添加任何的属性，都可以通过"CSS 设计器"面板来编辑。

步骤 1

1 输入点放在要编辑的 DIV 区块中

2 这里会自动显示该区块的选择器

3 勾选"显示集"复选框，会在下方自动列出已加入的属性，可直接针对要修改的属性进行编辑

步骤 2

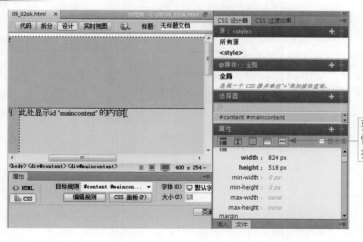

要添加其他的属性，可在此处选择要设置的类型

9-1-5 为 DIV 区块加入圆角 / 渐变色 / 阴影

在 CC 版本中，通过"CSS 设计器"面板，可以轻松为规划的 DIV 区块加入圆角效果或任一边圆角，也可以轻松加入渐变色的区块或区块阴影。

设置圆角

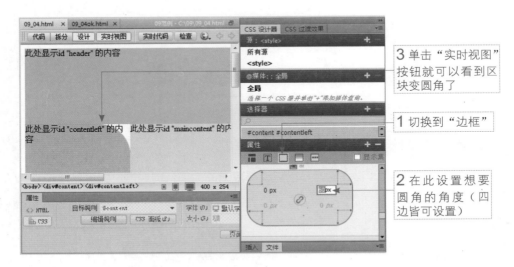

3 单击"实时视图"按钮就可以看到区块变圆角了

1 切换到"边框"

2 在此设置想要圆角的角度（四边皆可设置）

设置渐变色

步骤❶

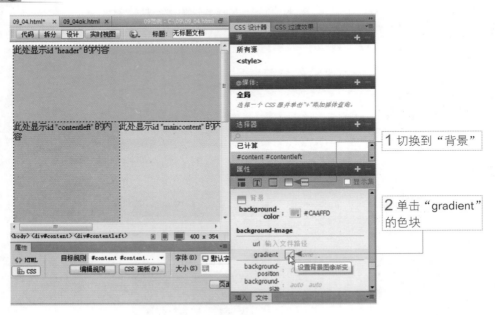

1 切换到"背景"

2 单击"gradient"的色块

步骤 **2**

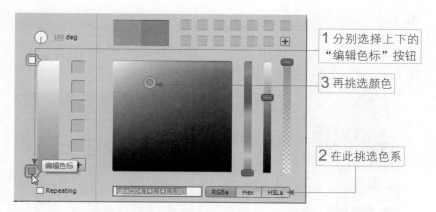

1 分别选择上下的"编辑色标"按钮

3 再挑选颜色

2 在此挑选色系

步骤 **3**

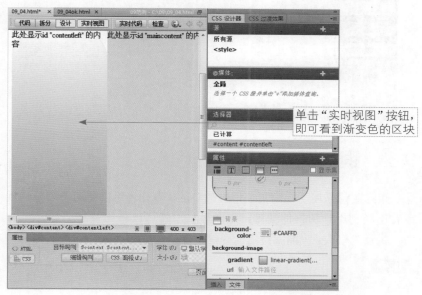

单击"实时视图"按钮，即可看到渐变色的区块

区块阴影

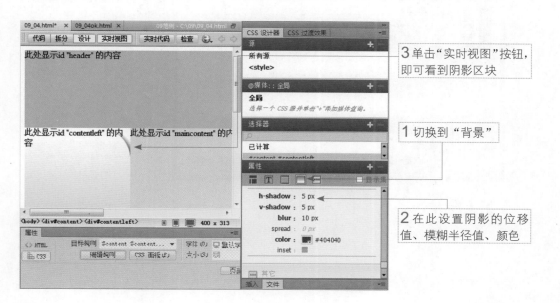

3 单击"实时视图"按钮，即可看到阴影区块

1 切换到"背景"

2 在此设置阴影的位移值、模糊半径值、颜色

9-1-6 标签中插入网页元素

当大家将 DIV 标签设置完成时，接下来就是利用"插入"面板，依照先前介绍的方式在 DIV 标签中分别插入图像、表格、文字或多媒体组件，就可以完成网页的编排设计。

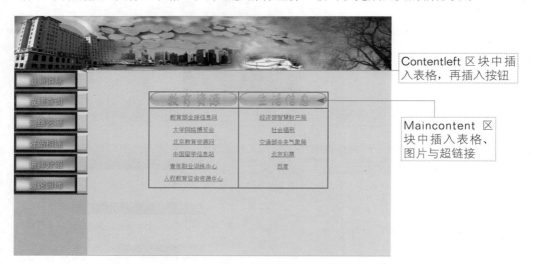

Contentleft 区块中插入表格，再插入按钮

Maincontent 区块中插入表格、图片与超链接

9-2 跟踪图像

跟踪图像是属于在网页编排时的草图，设计者可以使用手绘方式规划出各种区块的位置，或者已经利用绘图软件编排出版面风格，就可以将此版面配置图插入到 Dreamweaver 中做参考。执行"修改 / 页面属性"命令，再插入"layout.jpg"图像文件来作为跟踪图像。

步骤 ❶

1 选择"跟踪图像"选项

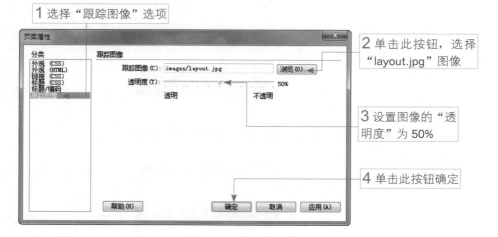

2 单击此按钮，选择"layout.jpg"图像

3 设置图像的"透明度"为 50%

4 单击此按钮确定

步骤 2

加入跟踪图像的画面（此图像位于最底层，所以不能进行任何的编辑）

可以根据蓝图图像在页面上创建 DIV 区块

根据跟踪的图像在页面上创建区块后，执行"查看 / 跟踪图像 / 显示"命令，取消该命令的勾选，就可以关闭跟踪图像。

9-3 范例实战：规划网页区块与按钮区

这部分主要将页眉、左侧导航按钮区、网页主内容区、页脚 4 个区域规划出来，同时完成页眉、按钮区、页脚等部分的内容编排。

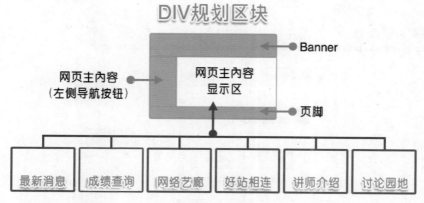

由于 9-1-1 节介绍的区块规划与本范例相同，因此先打开"09-01ok.html"网页文档，我们将以此为基础，先另存到"班级网站"中的"index.html"网页后，然后继续介绍 CSS 样式的设置。

步骤 1

打开范例文件中的
"09_01ok.html"，然后执
行"文件/另存为"命令

步骤 2

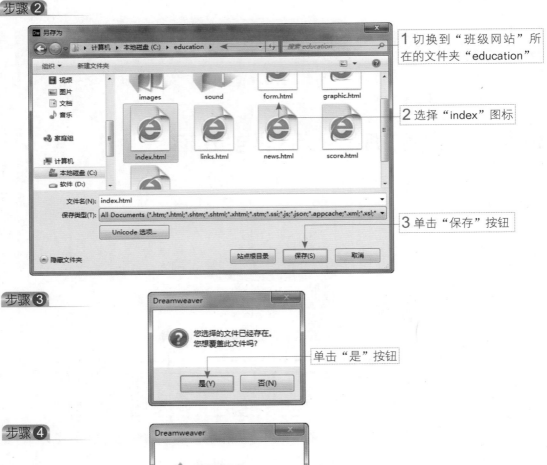

1 切换到"班级网站"所
在的文件夹"education"

2 选择"index"图标

3 单击"保存"按钮

步骤 3

单击"是"按钮

步骤 4

单击"是"按钮离开

9-3-1 创建区块的 CSS 文件

在 9-1-2 节中，我们是在页面中定义 CSS 样式，由于现在是规划整个网站，这里将选择以"创建新的 CSS 文件"，以方便日后的管理与改变。

步骤 1

确定打开"班级网站"中的"index.html"网页文档

步骤 2

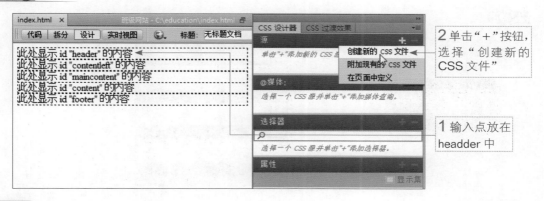

2 单击"+"按钮，选择"创建新的 CSS 文件"

1 输入点放在 headder 中

步骤 3

单击"浏览"按钮

步骤 4

1 输入样式
表的文件名

2 单击"保
存"按钮

步骤 5

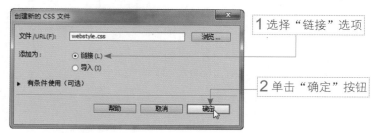

1 选择"链接"选项

2 单击"确定"按钮

步骤 6

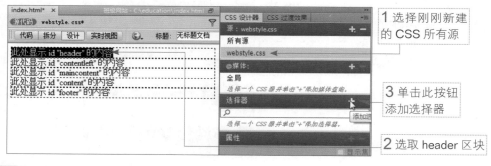

1 选择刚刚新建
的 CSS 所有源

3 单击此按钮
添加选择器

2 选取 header 区块

步骤 7

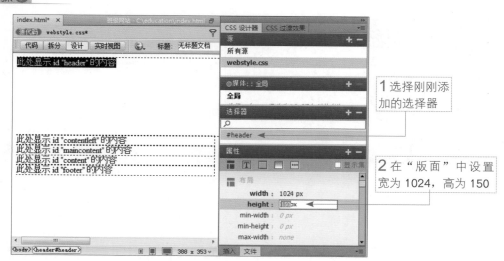

1 选择刚刚添
加的选择器

2 在"版面"中设置
宽为 1024，高为 150

步骤 8

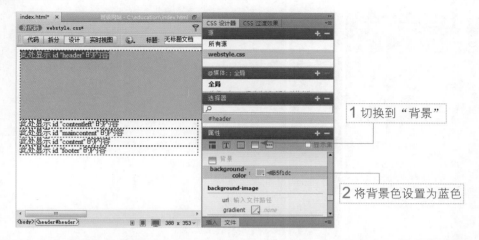

9-3-2 附加现有的 CSS 文件

完成第一个 DIV 区块的 CSS 设置后，接下来的区块就直接以现有的 CSS 文件来附加就可以了。此处示范 "contentleft" 区块的设置方式，其余的可参阅 9-1-2 节中的内容。

步骤 1

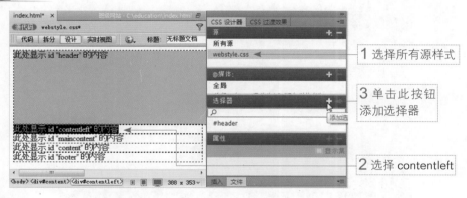

步骤 2

步骤 3

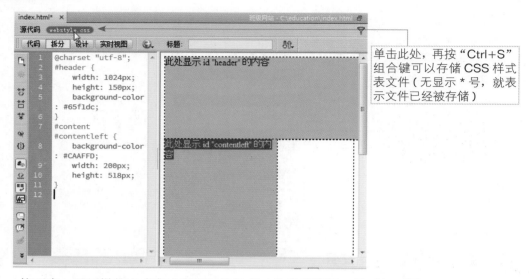

单击此处，再按"Ctrl+S"组合键可以存储 CSS 样式表文件（无显示 * 号，就表示文件已经被存储）

接下来，以同样的方式完成所有区块的尺寸和色彩设置，显示如下图。

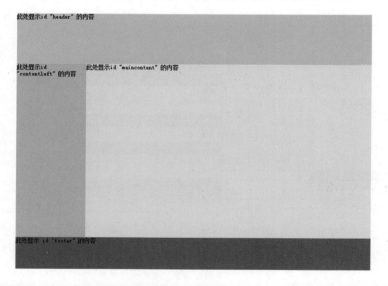

9-3-3　加入左侧链接按钮

　　设置好 DIV 区块后，接下来就是在 contentleft 区块中加入链接的按钮，此处我们先插入 6 行 1 列的表格，再在单元格中插入鼠标经过图像。

步骤 1

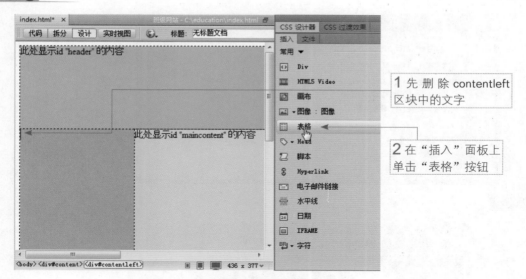

1 先删除 contentleft 区块中的文字

2 在"插入"面板上单击"表格"按钮

步骤 2

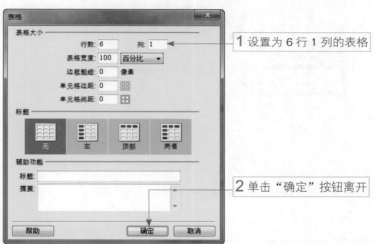

1 设置为 6 行 1 列的表格

2 单击"确定"按钮离开

步骤 3

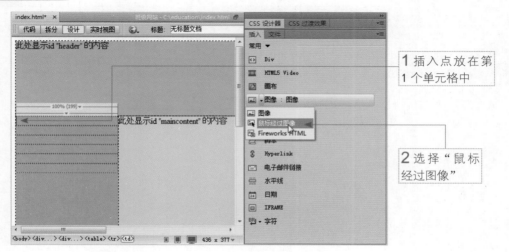

1 插入点放在第 1 个单元格中

2 选择"鼠标经过图像"

步骤 4

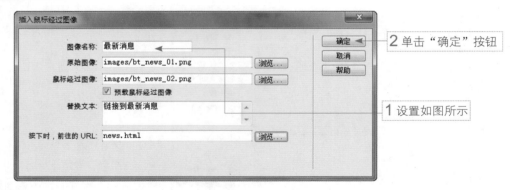

步骤 5

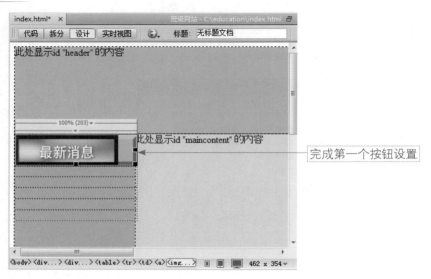

其他按钮的设置内容如下：

按钮名称	原始图像	鼠标变换图像	替代文字	链接页面
成绩查询	b_score_01.png	bt_score_02.png	链接到成绩查询	score.html
网络艺廊	bt_graphic_01.png	bt_graphic_02.png	链接到网络艺廊	graphic.html
好站相连	bt_links_01.png	bt_links_02.png	链接到好站相连	links.html
讲师介绍	bt_teacher_01.png	bt_teacher_02.png	链接到讲师介绍	teacher.html
讨论园地	bt_form_01.png	bt_form_02.png	链接到讨论园地	form.html

依序将以上的按钮加入后，其显示的效果如下：

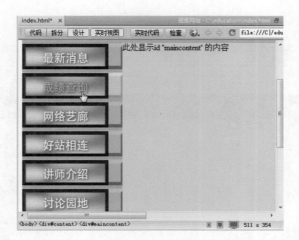

9-3-4 加入页眉画面

按钮列设置完成后，接着要在页眉（header）区块加入网页横幅。

步骤①

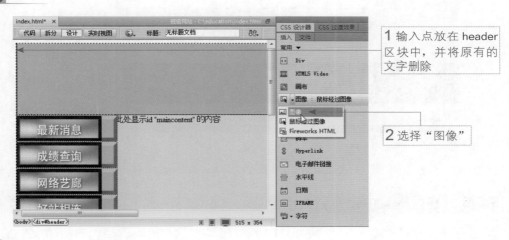

1 输入点放在 header 区块中，并将原有的文字删除

2 选择"图像"

步骤②

1 选择图片

2 单击"确定"按钮

步骤 **3**

显示插入的
页眉图像

9-3-5　加入页脚文字

在页脚（footer）区块中，我们将输入网站的相关联系信息，同时在"属性"面板中将文字设置为置中对齐。

1 输入文字内容

2 单击"居中对齐"按钮，对齐中央

9-3-6　在区块置中设置背景图像

由于本网站设置的网页尺寸是 1024×768，所以当用户的屏幕大于该设置值时，它会偏向左侧，如下图所示。

为了界面的美感，这里要告诉大家如何设置置中，同时增加网页背景图案，使网页主体看起来更鲜明。

步骤 1

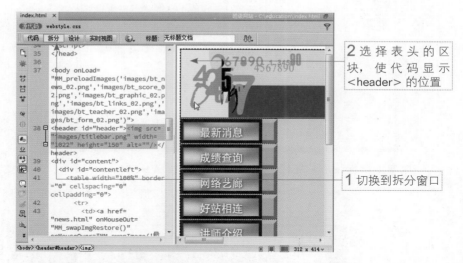

2 选择表头的区块，使代码显示 `<header>` 的位置

1 切换到拆分窗口

步骤 2

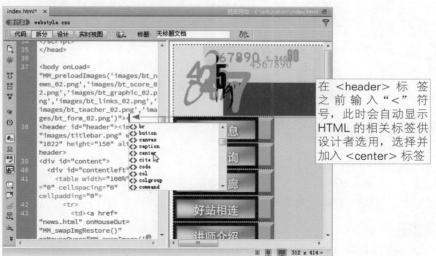

在 `<header>` 标签之前输入 "`<`" 符号，此时会自动显示 HTML 的相关标签供设计者选用，选择并加入 `<center>` 标签

步骤 3

在"属性"面板中单击"页面属性"按钮

完成如上设置后，按"F12"键浏览网页，即可看到网页居中排列，且加入了紫色调的图案。

9-3-7 页面整合设置

至此，DIV 区块的设置大致完成，现在只要将原先已编排的"graphic.html"、"links.html"、"news.html"、"score.html"等网页中的图文贴入"index.html"网页的"maincontent"区块中，再以原有的文档名保存就可以大功告成。这里以"graphic.html"做示范。

步骤 1

步骤 ❷

1 回到 "index.html"，按 "Ctrl+V" 组合键粘贴所有对象到 "maincontent" 区块中

2 将输入点放在表格前，在 "插入" 面板中单击 "H1" 按钮，加入 H1 标题

步骤 ❸

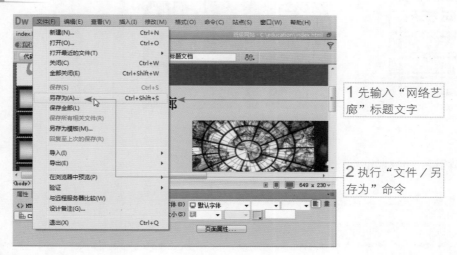

1 先输入 "网络艺廊" 标题文字

2 执行 "文件 / 另存为" 命令

步骤 ❹

1 选择 "graphic.html" 图标

2 单击 "保存" 按钮

189

步骤 5

单击"是"按钮覆盖文档

步骤 6

按"F12"键即可看到网页最后呈现的效果

按以上方式，完成以下 3 个网页的设置。

好站相连：links.html

最新消息：news.html

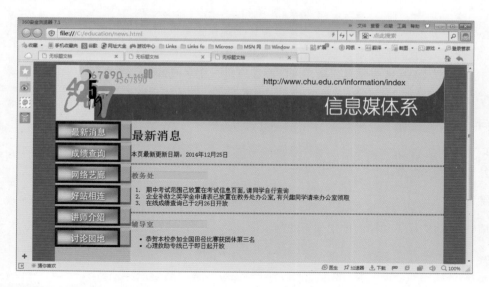

成绩查询：score.html

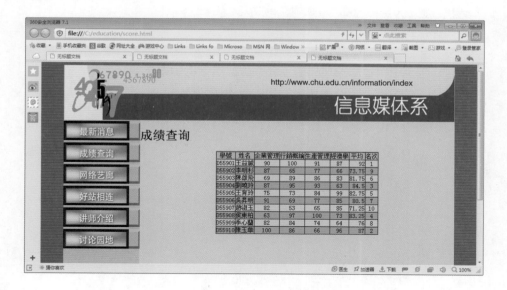

课后习题与练习

判断题

1.（　　　）跟踪图像就是网页的背景图像效果。

2.（　　　）DIV 标签可以设置区块的大小、背景色图案。

3.（　　　）在创建网页结构时，在"插入"面板的"结构"分类中也可以选用"页眉"、"页脚"等来加入区块。

4.（　　）以 DIV 创建网站区块时，CSS 样式设置可以同时加入，或者在区块创建后再加入。

5.（　　）创建的 DIVe 区块，也可以设置为圆角矩形或阴影的效果。

6.（　　）创建的 DIVe 区块，无法选用渐变或图案当作背景。

7.（　　）DIVe 区块中可任意插入图像、表格、文字或多媒体组件。

8.（　　）要加入跟踪图像，必须通过"页面属性"才能设置。

问答题

1. 请说明命名 DIV 标签时，要注意哪些事情？

2. 请问"CSS 设计器"面板中提供了哪 5 种属性的设置？

练习题

请使用 DIV 标签功能，创建如下的网页区块。

★ 网页大小：宽 800，高 600
★ 左区块：宽 200，高 600，蓝色
★ 上区块：宽 600，高 100，绿色
★ 主区块：宽 600，高 500，白色渐变到淡绿色
★ 完成文件：exp901_ok.html

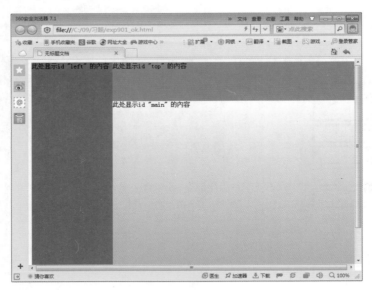

第10章 插入多媒体对象："Flash 首页"页面设计

内容摘要

以目前的网页技术而言，能够放置在网页中的多媒体对象相当多样化，从最简单的背景音乐，到具有交互功能的 Flash 对象，都是在 Dreamweaver 支持之列。因此本章要为大家讲解如何在 Dreamweaver 中加入这些多媒体对象。

本章除了介绍 Flash 组件的建立方式与相关的设置外，也会介绍如何在页面上加入背景音乐或者最新的 HTML 元素，都会一起做说明。

教学目标

★ 插入 Flash SWF：在页面中加入 Flash 影片、设置影片属性以及透明背景的影片
★ 插入 Flash Video：Flv 视频加入方式
★ 插入 HTML 5 Video：HTM5 支持的视频
★ 插入 HTML 5 Audeo：HTM5 支持的音频
★ 范例实战：首页动画设置

10-1 插入 Flash SWF

Flash 影片在网页上被运用的机会相当高，主要是因为它属于矢量式的动画软件，又有 Script 语言作为后盾，可以做动画、小型游戏或双向的沟通，因此受到设计师的青睐。这一小节就针对 Flash 影片的加入与设置方式为大家做说明。

10-1-1 加入 Flash SWF

首先要利用"插入"面板来插入 Flash 影片，插入方式如下：

步骤 1

步骤 2

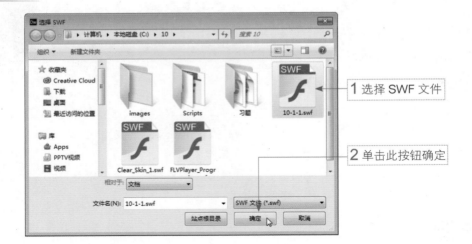

1 选择 SWF 文件

2 单击此按钮确定

步骤 3

2 单击此按钮确定

1 输入标题

步骤 4

添加完成的 Flash 动画

目前所看到的灰色部分就是 Flash 影片，可以自由地缩放动画大小，或者按"F12"键来预览 Flash 影片效果。

10-1-2 设置影片属性

由于部分 Flash 的设置属性是和图片相同，所以这里只做简要的说明。

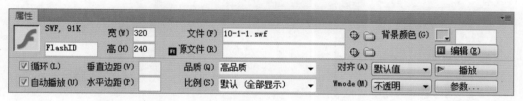

★ 文件：显示所加入的 Flash 影片文件名。

★ 背景颜色：设置 Flash 影片的背景颜色。

★ "编辑"按钮：用于编辑 Flash 影片，不过这里所编辑的是 *.fla 原始文件，而非 *.swf 影片文件。

★ 循环：设置 Flash 影片在浏览器上是否重复播放影片内容。

★ 自动播放：设置 Flash 影片在浏览器上是否自动播放影片内容。

★ 品质：可用于调整 Flash 影片在页面上的播放质量。

★ 比例：可用于调整 Flash 影片在页面上的显示方式。

★ 对齐：设置对齐的位置。

★ 播放：可在 Dreamweaver 编辑页面中，直接预览 Flash 影片的内容。

★ 参数：可用于输入参数，以调整 Flash 影片的播放效果。

在此示范如何将 Flash 背景更换成蓝色的方法。

步骤 1

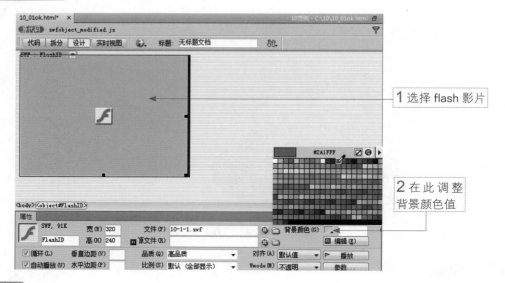

1 选择 flash 影片

2 在此调整背景颜色值

步骤 2

显示蓝色背景的 Flash 影片

单击此处的"播放"按钮即可实时显示效果，若要停止播放也是单击此处的"停止"按钮

10-1-3　设置透明背景的影片

有时候 Flash 影片的矩形背景会破坏影片在页面上的效果，像上面的影片四周有蓝色区块，看起来就不是很美观，如果能将其去除，以保留圆边矩形效果的话，那画面会更加完美。这时可以考虑利用"参数设置"的方式来控制透明背景。

步骤 **1**

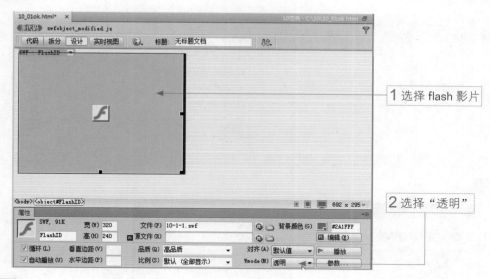

1 选择 flash 影片

2 选择"透明"

步骤 **2**

按"F12"键预览时，就会
发现背景颜色变成已透明了
（会呈现正确的圆角效果）

10-2　插入 Flash Video

　　Flash Video 是包含影片内容的 Flash 文件（文件格式为 flv），因其文件容量比一般的视频影片还要小，所以有些设计师会利用此格式将影片放到网页上。在 CS6 或之前的版本，要将一般的视频影片转换成 Flv 格式，都是通过 Adobe Media Encoder 来转换，不过 CC 版本中并未提供此程序。此处仅示范 Flv 视频插入到网页的方式，打开"插入"面板，并切换到"媒体"类型。

步骤 1

1 先选择要加入 Flvsh 视频的位置

2 单击"Flash Video"按钮

步骤 2

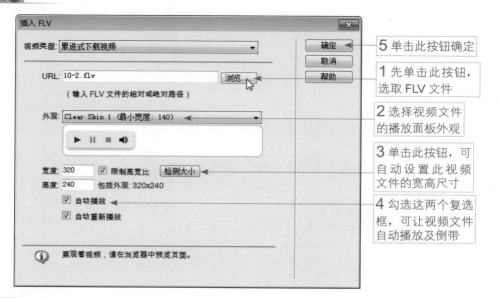

5 单击此按钮确定

1 先单击此按钮，选取 FLV 文件

2 选择视频文件的播放面板外观

3 单击此按钮，可自动设置此视频文件的宽高尺寸

4 勾选这两个复选框，可让视频文件自动播放及倒带

步骤 3

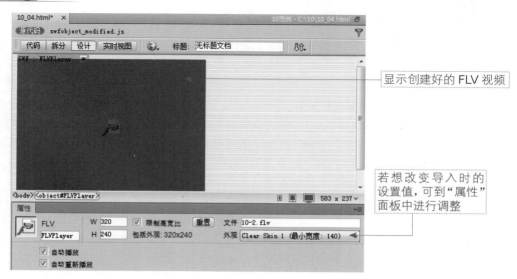

显示创建好的 FLV 视频

若想改变导入时的设置值，可到"属性"面板中进行调整

10-3 插入 HTML 5 Video

HTML 5 目前是网页发展的趋势，将 HTML 5 的视频轻松添加到网站上，可让网站具有娱乐效果。目前 HTML 5 支持的格式包括 *.ogg、*.mp4、*.m4v、*.webm、*.ogv、*.3gp 等格式，利用"插入"面板就可以插入 HTML 5 Video。

步骤 1

步骤 2

步骤 3

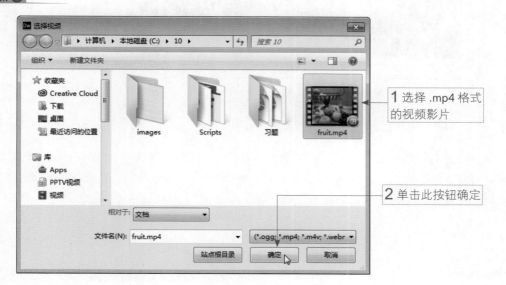

步骤 ④

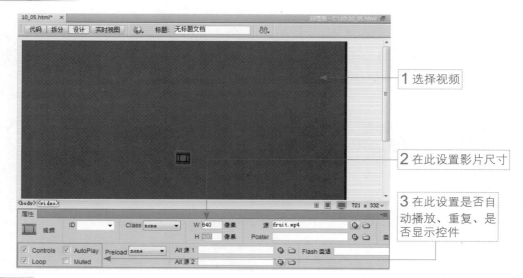

1 选择视频

2 在此设置影片尺寸

3 在此设置是否自动播放、重复、是否显示控件

步骤 ⑤

按"F12"键即可观看视频影片内容

10-4　插入 HTML 5 Audio

　　对一个具有动态效果的网页而言，背景音乐当然也是不可或缺的环节，伴随着轻松音乐的网页可以让人心情愉快。HTML 5 音频支持 *ogg、*.wav、*.mp3 等格式，准备好音频文件后，这里将跟大家探讨如何插入 HTML 5 音频。

步骤 **1**

2 单击"HTML5
Audio"按钮

1 选择要加入
音频的位置

步骤 **2**

1 选择对象图标

2 在"属性"面板上
单击"浏览"按钮

步骤 **3**

1 选 择 wav 格式
的音频文件

2 单击此按钮确定

步骤 ④

在"属性"面板中设置是否显示面板、自动播放、重复等属性

步骤 ⑤

正常显示的内容，并自动播放音乐

如果不希望在网页上显示音乐控制面板，可在"属性"面板上取消对"Contrls"选项的勾选。

10-5 范例实战：首页动画设置

打开"班级网站"中的"index.html"，我们要在首页中加入具有动态效果的 Flash 影片。

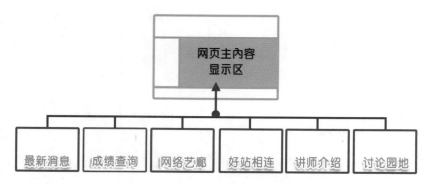

接下来，将"应用范例"文件夹中的"welcome.swf"复制到站点文件夹，然后将 Flash 影片加入到页面中。

步骤 1

1 在"文件"面板中双击，打开"index.html"

2 选取"maincontent"区块中的文字，按"Delete"键将其删除

步骤 2

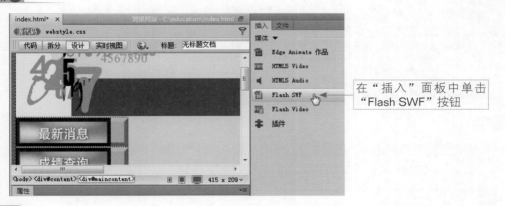

在"插入"面板中单击"Flash SWF"按钮

步骤 3

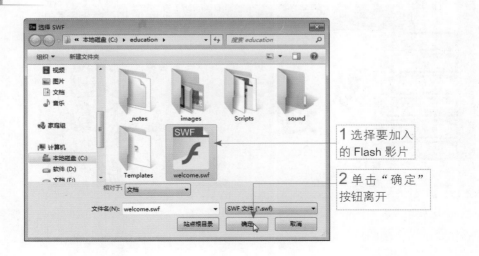

1 选择要加入的 Flash 影片

2 单击"确定"按钮离开

步骤 **4**

2 单击"确定"按钮

1 输入标题名称

步骤 **5**

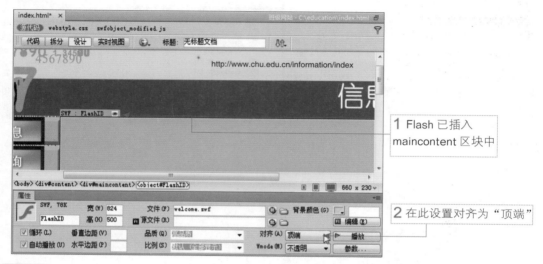

1 Flash 已插入
maincontent 区块中

2 在此设置对齐为"顶端"

步骤 **6**

按"F12"键预览网页，就可以看到欢迎光临的动画效果

　　以后当浏览者进入到网站时，就会先看到一段 Flash 影片，单击左侧的各按钮便会链接到显示各主题的网页画面了。

课后习题与练习

判断题

1.（　　）利用"属性"面板，可以调整 Flash 影片的背景颜色。

2.（　　）插入的 Flash 组件，可以自由缩放组件大小。

3.（　　）插入到页面编辑区中的 Falsh 文件，可直接在 Dreamweaver 中预览播放。

4.（　　）插入的 swf 影片，也可以直接在 Dreamweaver 中编辑影片。

5.（　　）Flash 影片的重复播放效果，是 Flash 影片本身的功能，无法在 Dreamweaver 中设置。

6.（　　）使用 LOOP 参数，可设置音乐是否循环播放。

7.（　　）要在页面中加入音乐，可以通过"HTML 5 Audio"功能来添加。

8.（　　）HTML 5 音频可支持 *.mp3 的格式。

选择题

1.（　　）Flash 视频的文件格式为：

  （A）fla   （B）swf

  （C）avi   （D）flv

2.（　　）在"属性"面板中单击"编辑"按钮，可以编辑哪种影片格式？

  （A）fla   （B）swf

  （C）avi   （D）flv

3.（　　）Flash 影片的透明背景效果，需单击"属性"面板中的：

  （A）选项   （B）Wmode

  （C）属性   （D）调整

4.（　　）加入到 Dreamweaver 中的 Flash 文件格式为：

  （A）fla   （B）exe

  （C）swf   （D）avi

5.（　　）下列哪项不是 HTML 5 视频所能支持的格式？

  （A）mpg   （B）ogg

  （C）mp4   （D）m4v

练习题

1. 创建一个新网页，在网页上加入"scenery.mp4"的视频影片，同时将其控制面板隐藏起来。

完成文件：exp1001_ok.html

2. 新建一网页，在网页上创建如图的"dance.swf"的 Flash 影片，同时加入"s02.wav"的背景音乐，让音乐在打开网页时能自动播放，但不显示控制面板。

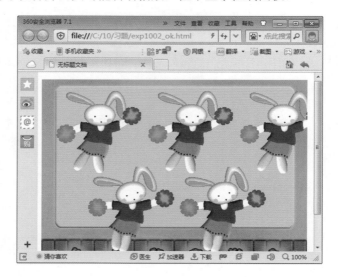

第 11 章 CSS 样式效果：CSS 样式规划

内容摘要

　　CSS 样式是网页排版的重要核心，它让设计师从页面效果的困扰中得到解脱。虽然它是一套代码，但是在 Dreamweaver 的环境下，使用 CSS 不需要记忆代码及写程序，只要从窗口界面中设置即可。此外还有 CSS 过渡效果功能，让网页设计师在 CSS 样式的使用上更加快速又简便。本章将会针对 CSS 样式的各种类型及应用范围做解说，让大家可以熟悉 CSS 功能的应用。

教学目标

★ CSS 的概念：CSS 的使用概念及应用范围

★ 在页面中定义 CSS 样式：创建 CSS 样式、应用样式效果、认识 "CSS 设计器" 面板、修改与增添样式内容、启用 / 停用 CSS 属性

★ 外部样式表链接：外部样式的概念、创建外部样式表、存储外部样式表文件、链接外部样式表

★ 设计时间样式表：设计时间时隐藏的样式、仅在设计时间时显示的样式

★ 样式使用技巧：设置分隔线样式、设置文字超链接效果、置中对齐的背景图片、自定义项目符号样式

★ CSS 过渡效果：新增 CSS 过渡效果、编辑选取的转变、移除规则 / 类型或转变

★ 范例实战：CSS 样式规划

11-1　CSS 的概念

　　CSS 的全名是 Cascading Style Sheets，一般称为串联样式表，其作用是为了加强网页上的排版效果。因为在网页设计初期，由于 HTML 代码上的不足，使得网页上的排版效果一直无法达到令人满意的境界，也因为这个缘故才会在 HTML 之后继续开发 CSS 代码。

　　由于 CSS 是用来补充 HTML 的格式，而非用来取代 HTML，因此 CSS 的所有功能，都是摆放在画面效果的设计，让 HTML 代码只单纯负责页面的内容结构。所以在页面上进行内容编辑时（包含文字、表格、表单等），还是使用 HTML 代码来创建页面结构，等到需要应用一些样式效果时才使用 CSS 样式。

　　另外，设计者也可以将 CSS 样式存储成一个独立文件，再让这个样式文件同时应用到多个网页上，如此一来会让网页风格的设计更加简单方便。

11-2 在页面中定义 CSS 样式

在页面中定义 CSS 样式是将 CSS 的样式代码包含在该 HTML 代码之内，不过此种方式只能将 CSS 样式应用在目前编辑的网页上，无法让多个网页同时共享。

11-2-1 新建 CSS 样式

执行"窗口 /CSS 设计器"命令，打开"CSS 设计器"面板，准备开始创建 H2 的标题样式。

步骤 ❶

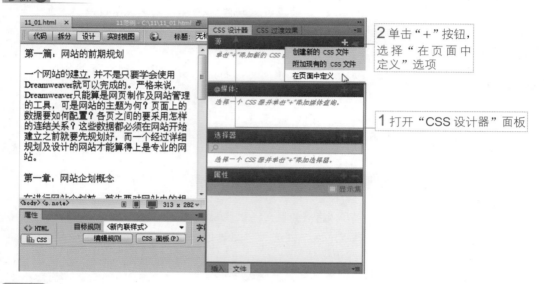

2 单击"+"按钮，选择"在页面中定义"选项

1 打开"CSS 设计器"面板

步骤 ❷

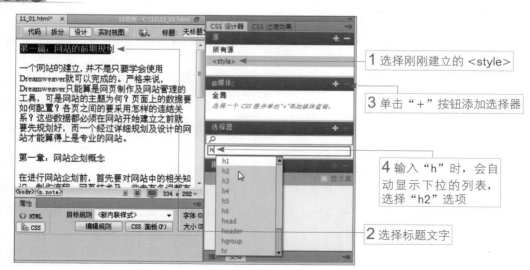

1 选择刚刚建立的 <style>

3 单击"+"按钮添加选择器

4 输入"h"时，会自动显示下拉的列表，选择"h2"选项

2 选择标题文字

步骤 3

1 选择 "h2" 选项

2 单击 "文本" 按钮

3 单击此色块，将
文字颜色设为紫色

步骤 4

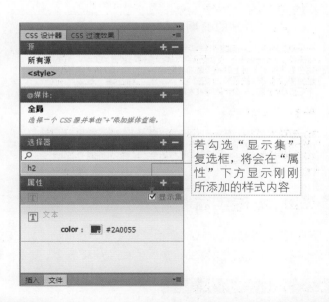

若勾选 "显示集"
复选框，将会在 "属
性" 下方显示刚刚
所添加的样式内容

11-2-2　应用样式效果

虽然已经设置了 H2 的标题文字，但是在网页上并没有看到任何变化，这是因为 <H> 标签是属于 HTML 的代码，因此必须设置文字段落应用 <H2> 的标签。

步骤 ①

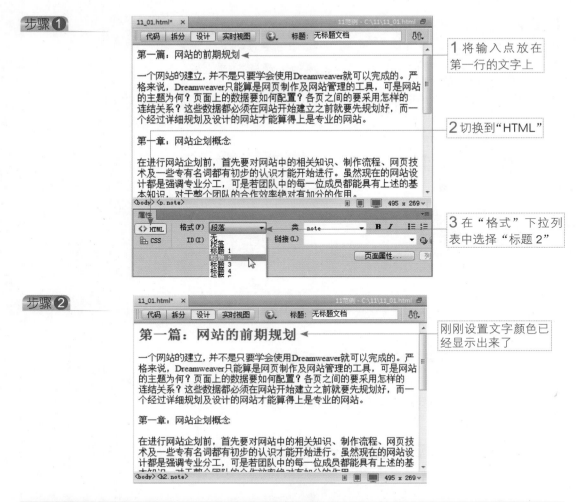

1 将输入点放在第一行的文字上

2 切换到"HTML"

3 在"格式"下拉列表中选择"标题 2"

步骤 ②

刚刚设置文字颜色已经显示出来了

11-2-3　认识"CSS 设计器"面板

在 CC 版本中，管理与编辑 CSS 样式的面板又做了一次变革，在"CSS 设计器"面板上，通过属性下方的 5 个按钮，就可以分别设置布局、文本、边框、背景、其他 5 种类型的 CSS 样式。

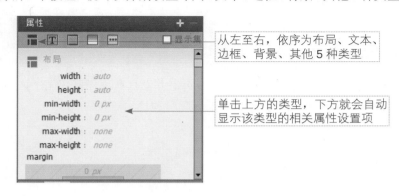

从左至右，依序为布局、文本、边框、背景、其他 5 种类型

单击上方的类型，下方就会自动显示该类型的相关属性设置项

11-2-4　修改与增添样式内容

当勾选"显示集"复选框时，"属性"面板下方只会列出已经设置过的属性，所以若要改变原先设置的内容，只要勾选"显示集"复选框，就可以快速找到要修改的属性。

步骤 1

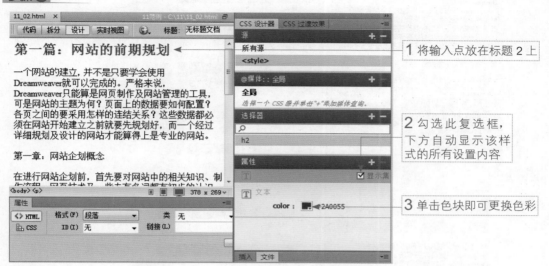

1 将输入点放在标题 2 上

2 勾选此复选框，下方自动显示该样式的所有设置内容

3 单击色块即可更换色彩

步骤 2

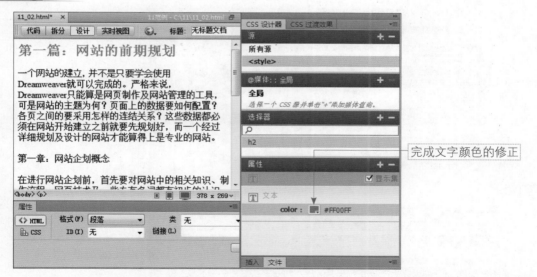

完成文字颜色的修正

如果要为标题2添加其他的属性设置，那么单击布局、文本、边框、背景、其他5种类型按钮，就可以继续添加。此处示范为标题 2 的文字再加入黄色的底色效果。

步骤 1

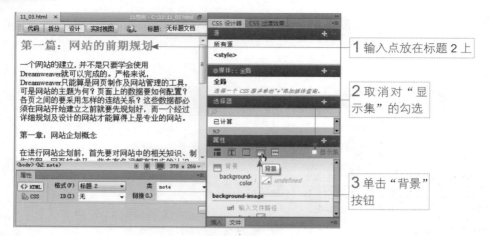

1 输入点放在标题 2 上

2 取消对"显示集"的勾选

3 单击"背景"按钮

步骤 2

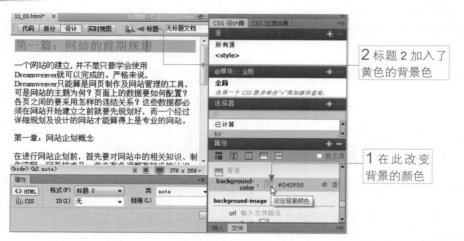

2 标题 2 加入了黄色的背景色

1 在此改变背景的颜色

除了通过"CSS 设计器"面板修改或增添样式外，也可以通过"属性"面板上的 编辑规则 按钮来为已定义的样式重新进行编辑。

步骤 1

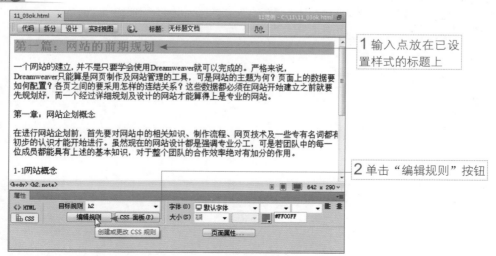

1 输入点放在已设置样式的标题上

2 单击"编辑规则"按钮

步骤 2

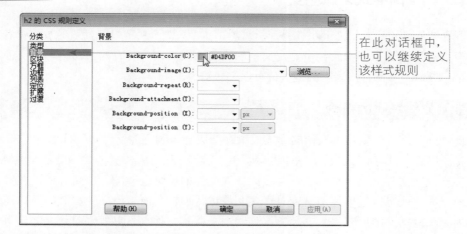

在此对话框中，也可以继续定义该样式规则

11-2-5 启用 / 停用 CSS 属性

为了方便用户观看 CSS 样式设置前后的效果变化，Dreamweaver 提供了快速切换 CSS 属性的功能，也就是说，用户可以直接在"CSS 设计器"面板上设置启用和停用 CSS 属性。只要在"属性"下方单击 ⊘ 按钮，即可关闭该样式；再单击一下该按钮又可重新启动该属性设置。

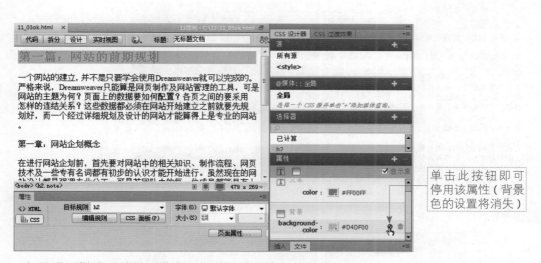

单击此按钮即可停用该属性（背景色的设置将消失）

如果设置样式后觉得不满意，也可以针对特定的属性加以删除。

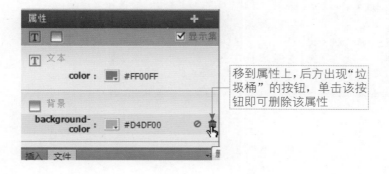

移到属性上，后方出现"垃圾桶"的按钮，单击该按钮即可删除该属性

11-3 外部样式表链接

刚刚介绍的样式设置只能应用在目前所编辑的页面，对于网页设计师或网页维护者来说，大概没有人愿意只是为了修改某个特定文字的格式，而必须对所有的页面内容一一去加以修改。这个问题，"外部样式表"的链接就可以彻底解决。

11-3-1 外部样式的概念

所谓"外部样式"就是将设计的样式效果存储成一个独立的文件（扩展名为 CSS），样式文件完成以后，再对需要此样式效果的网页以"链接"的方式，把样式效果置入到网页中。以后只要样式表文件的内容有修改，链接此样式文件的网页也会随之更新，所以在管理及设计样式效果时，就可以很单纯地只针对样式文件进行编辑，而不用去管整个应用样式的页面范围。因此将网站上的所有网页一起链接到同一个样式文件上，只要修改样式文件内容，就能让所有网页同时更新。

11-3-2 创建外部样式表

首先我们来学习如何创建外部样式表文件。设置方式如下：

步骤 ①

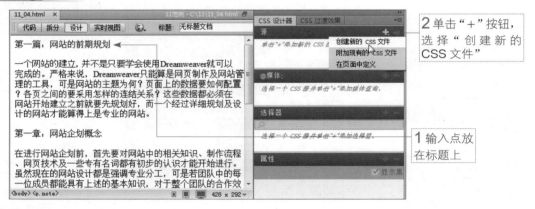

步骤 ②

步骤 3

1 设置存盘的位置（须与站点文件同一文件夹）

2 输入样式表文件名称

3 单击"保存"按钮

步骤 4

1 选择"链接"方式

2 单击"确定"按钮离开

步骤 5

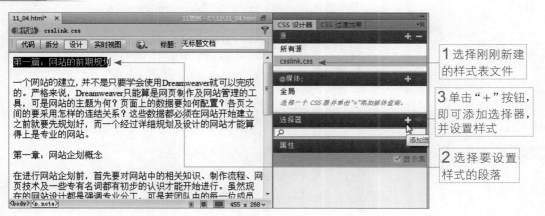

1 选择刚刚新建的样式表文件

3 单击"+"按钮，即可添加选择器，并设置样式

2 选择要设置样式的段落

步骤 6

3 红色的标题文字就设置完成

1 为 H2 标题加入红色的文字效果

2 在"属性"面板中将"格式"切换到"标题 2"

11-3-3　存储外部样式表文件

完成以上的设置后，会在"文件"标签下方看到"源代码"按钮和 CSS 文档的名称，单击 CSS 名称即可看到样式设置的代码。特别注意的是，如果在 CSS 文档名称上方看到"*"的标志，就是表示该样式表文件尚未被存储，单击 csslink.css* 按钮，再执行"保存"命令，才会将此文件存储起来。

步骤 1

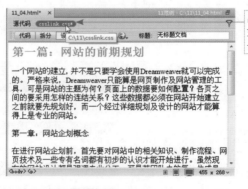

出现"*"标志，表示样式文件还未存储。先单击"csslink.css"按钮

步骤 2

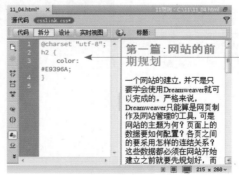

这里显示 CSS 样式的程序代码。按下"Ctrl+S"组合键存储样式表文件

步骤 ❸

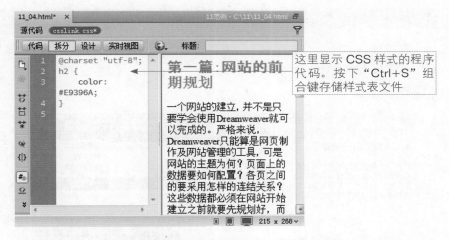

这里显示 CSS 样式的程序代码。按下"Ctrl+S"组合键存储样式表文件

步骤 ❹

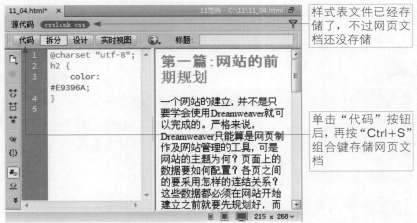

样式表文件已经存储了，不过网页文档还没存储

单击"代码"按钮后，再按"Ctrl+S"组合键存储网页文档

有了这个外部的样式表文件后，接下来就可以利用前面章节介绍的方式，设置各种样式或文字效果，只要在新建 CSS 规则时，选择刚刚创建的外部样式表文件就行了。

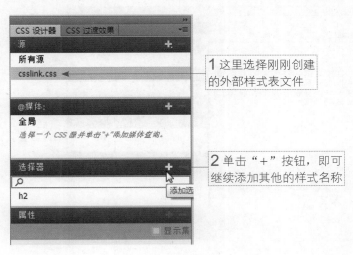

1 这里选择刚刚创建的外部样式表文件

2 单击"+"按钮，即可继续添加其他的样式名称

11-3-4　链接外部样式表

有了现成的样式表文件后，接下来所设计的网页，就可以通过"CSS 设计器"面板将现有的样式表文件附加进来。

步骤 1

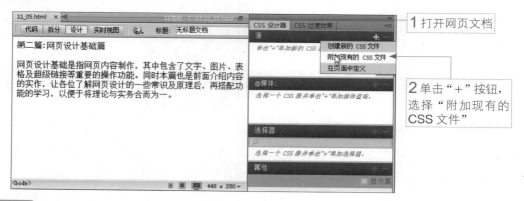

1 打开网页文档

2 单击"+"按钮，选择"附加现有的 CSS 文件"

步骤 2

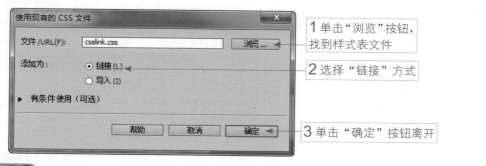

1 单击"浏览"按钮，找到样式表文件

2 选择"链接"方式

3 单击"确定"按钮离开

步骤 3

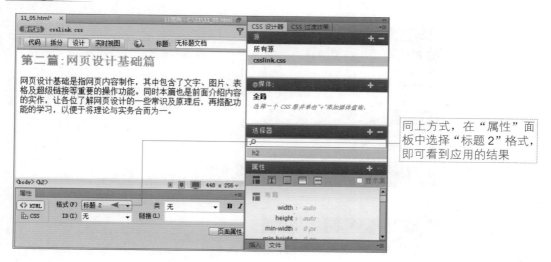

同上方式，在"属性"面板中选择"标题 2"格式，即可看到应用的结果

11-4　设计时间样式表

　　"设计时间样式表"是 Dreamweaver 软件中一个很好用的功能，它可以方便网页设计师进行网页内容的改版或样式的修订。由于此功能是使用外部样式链接的方式来进行，所以笔者预先设计好一个外部样式文件供大家练习。

11-4-1　设计时间时隐藏的样式

　　在做网站更新时，大家可能是以目前现有的网站直接做更新，为了方便 CSS 样式的设计，可以考虑通过"格式 /CSS 样式 / 设计时间"命令，将原有的样式先隐藏起来，以方便设计时间进行新样式的设置。

步骤 **1**

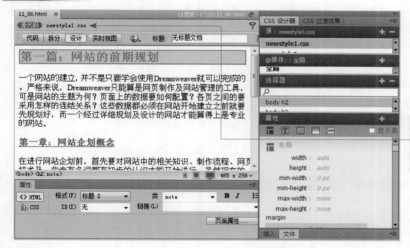

打开"11_06.html"网页文档，目前网页中已链接了"newstyle1.css"样式表文件

步骤 **2**

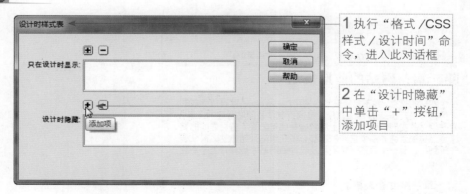

1 执行"格式 /CSS 样式 / 设计时间"命令，进入此对话框

2 在"设计时隐藏"中单击"+"按钮，添加项目

步骤 3

1 选择原有的 "newstyle1.css" 样式表文件

2 单击 "确定" 按钮

步骤 4

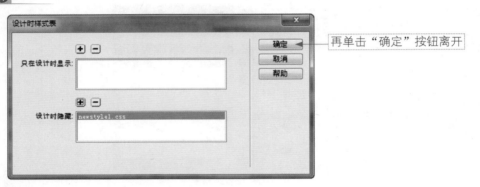

再单击 "确定" 按钮离开

步骤 5

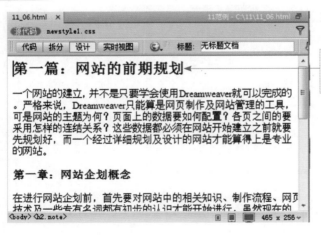

原有的 "newstyle1" 样式已被隐藏起来，方便大家进行新样式的设置

步骤 ⑥

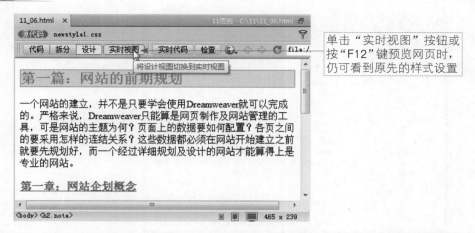

单击"实时视图"按钮或按"F12"键预览网页时，仍可看到原先的样式设置

11-4-2 只在设计时显示的样式

"只在设计时显示"是一个相当好用的功能，它可以在设计时间显示新样式设置的结果，而不会影响到原先网页的样式设置。我们继续延续上面的范例进行设置。

步骤 ❶

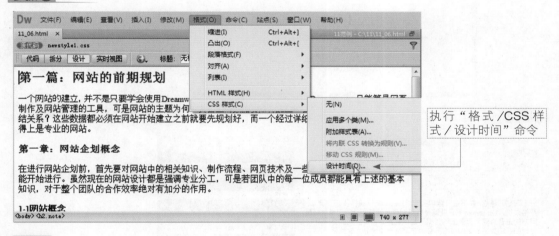

执行"格式 /CSS 样式 / 设计时间"命令

步骤 ❷

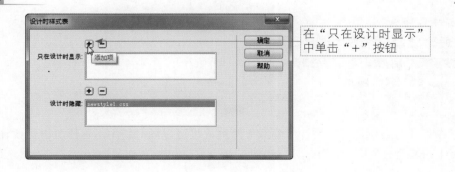

在"只在设计时显示"中单击"+"按钮

步骤 3

1 选择新设计的"newstyle2.css"样式表文件

2 单击此按钮确定

步骤 4

单击此按钮确定

步骤 5

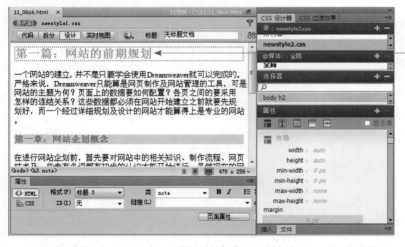

网页上显示新的样式设置，在单击"实时视图"按钮预览时会显示原有的样式效果

　　"只在设计时显示"与"设计时隐藏"两种效果可以同时使用，这样可以让设计者同时知道网页上所要修改的区域及其显示的结果，相当方便。

11-5　CSS 样式使用技巧

　　CSS 的便利与好处实在是多到不行，为了让大家能够更加了解 CSS 对于网页设计所带来的优点，这里列出几个使用技巧来和大家一起分享。其余跟各章节有关的样式设置，也在各章节中陆续介绍过，诸如表格的 CSS 样式设置已在 5-4 节中介绍；DIV 标签的 CSS 样式设置可参阅 9-1 节，自行参阅所属章节。

11-5-1　设置水平分隔线样式

　　首先利用 CSS 样式来设计水平分隔线的效果。由于 HTML 代码中的水平线标签为"HR"，所以在此只要重新定义"HR"标签的样式即可。

步骤 ❶

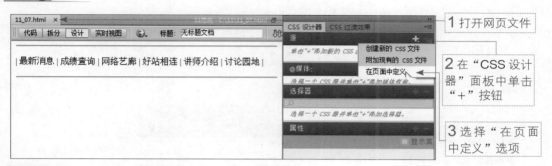

1 打开网页文件

2 在"CSS 设计器"面板中单击"+"按钮

3 选择"在页面中定义"选项

步骤 ❷

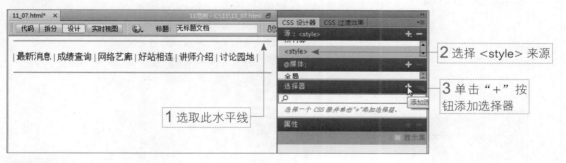

1 选取此水平线

2 选择 <style> 来源

3 单击"+"按钮添加选择器

步骤 ❸

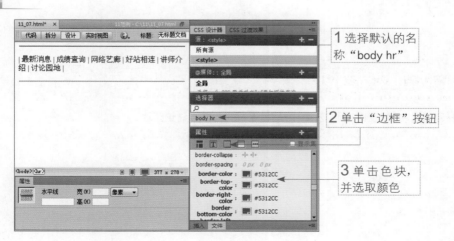

1 选择默认的名称"body hr"

2 单击"边框"按钮

3 单击色块，并选取颜色

223

步骤 4

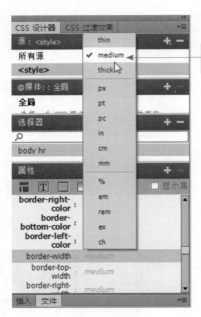

将边框的宽度设为"medium"

步骤 5

2 水平线变成点状粗线

1 将边框的样式设为点状的"dotted"

步骤 6

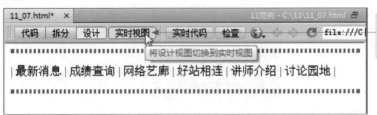

单击"实时视图"按钮，即可看到最后呈现的水平线效果

11-5-2 设置文字超链接效果

文字超链接在网页中运用的机会相当多，虽然在"修改 / 页面属性"命令中也可以快速设置链接前、链接后、滑入时等链接文字的颜色，但如果想要有其他的显示效果，就得利用 CSS 样式来设置。

在 html 标签中，超链接的代码主要有下面 4 种。

样式名称	作用
a：link	未链接前的样式效果
a：visited	链接后的样式效果
a：hover	鼠标移过时的样式效果
a：active	鼠标单击时的样式效果

这里我们示范 a：hover 设置方式，至于链接前 / 后或单击时等效果，大家可自行练习。

步骤 ①

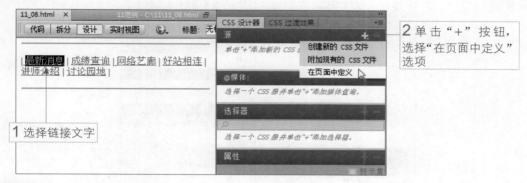

2 单击"+"按钮，选择"在页面中定义"选项

1 选择链接文字

步骤 ②

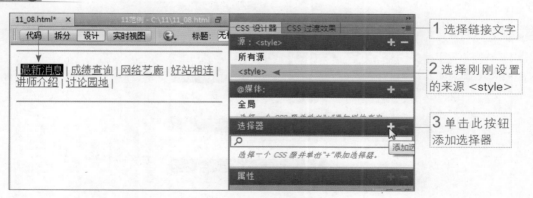

1 选择链接文字

2 选择刚刚设置的来源 <style>

3 单击此按钮添加选择器

步骤 3

输入过程中，下方都会自动显示相关的 HTML 代码供大家参考，选取":hover"选项

步骤 4

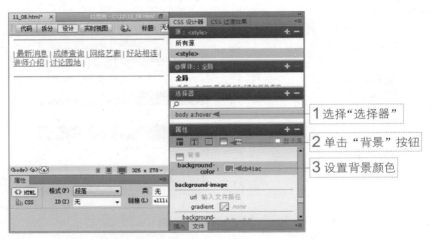

1 选择"选择器"

2 单击"背景"按钮

3 设置背景颜色

步骤 5

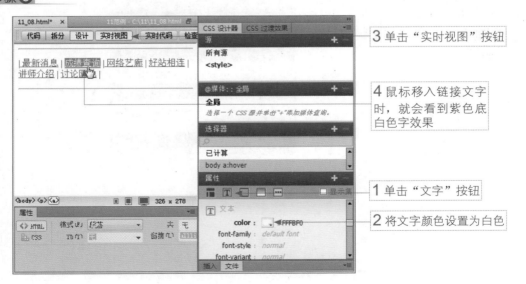

3 单击"实时视图"按钮

4 鼠标移入链接文字时，就会看到紫色底白色字效果

1 单击"文字"按钮

2 将文字颜色设置为白色

11-5-3　居中对齐的背景图片

很多人对于页面背景图片在不同屏幕分辨率下所产生的问题感到非常困扰，其实可以借助 CSS 样式的帮助，将背景图片固定于网页的正中央，这样一来背景图片就不会因为分辨率的不同而偏移了。打开空白网页后，在"页面属性"对话框中先设置背景图案与背景色。

1 在"属性"面板中单击"页面属性"按钮，进入此对话框

2 先设置如画面上所示的效果

3 单击此按钮确定

接下来，只要将"background position"设置为"center"就可大功告成。

步骤❶

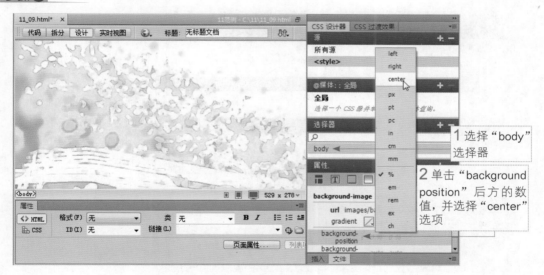

1 选择"body"选择器

2 单击"background position"后方的数值，并选择"center"选项

步骤❷

按"F12"键，就会看到背景图像居中对齐了

11-5-4　项目符号的样式

大家觉得网页中的项目符号单调吗？利用 CSS 样式也能将影像图片为项目符号，这里要修改的代码标签是"li"。

步骤 **1**

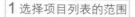
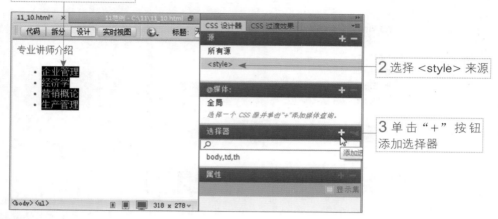

1 选择项目列表的范围

2 选择 <style> 来源

3 单击"+"按钮添加选择器

步骤 **2**

1 沿用默认的名称设置，并选择

2 单击"其他"按钮

3 单击"list-style-image"，并选择"url"

步骤 ③

单击此按钮
选择文档

步骤 ④

1 选择此图像

2 单击此
按钮确定

步骤 ⑤

2 修改完成的
样式效果

1 图像图标的
路径显示在此

11-6 CSS 过渡效果

"CSS 过渡效果"主要是将 CSS 属性的变化制作成动画转换效果，让网页设计更加生动活泼。例如，鼠标停留在项目列表时，逐渐从一个颜色淡化成另一个颜色，或是鼠标移入时改变背景图像等，就可以利用"CSS 过渡效果"功能来处理，此功能让设计师可以更细心地调整网页元素，并创建吸引人的网页效果。

在"窗口"菜单中打开"CSS 过渡效果"面板，将看到如下所示的画面。

- 单击此按钮显示菜单
- 编辑选取的过渡效果
- 删除选定的过渡效果
- 新建过渡效果

11-6-1 新建 CSS 过渡效果

"CSS 过渡效果"可设置的属性内容多达 50 种，每个属性的选项设置也不尽相同，因此我们实际来新建一个 CSS 过渡效果，将鼠标移入网页右栏的 DIV 标签内时，可以改变网页的背景图像。至于其他的功能效果可自行尝试。

步骤 ①

打开"11_11.html"，这是利用 DIV 标签所规划的页眉、页脚、左右两栏的网页区块

步骤 2

打开 "CSS 过渡效果" 面板，
单击此按钮新建过渡效果

步骤 3

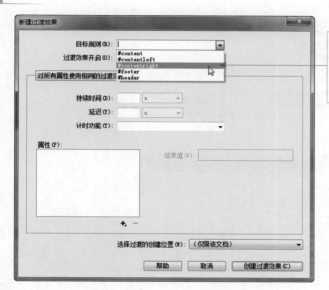

在这里选择目标对
象。在下拉列表中
选择 "contentright"，
以便对网页内容的
右栏进行设置

步骤 4

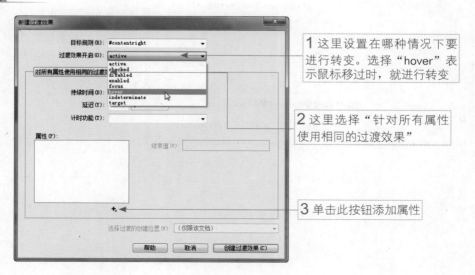

1 这里设置在哪种情况下要
进行转变。选择 "hover" 表
示鼠标移过时，就进行转变

2 这里选择 "针对所有属性
使用相同的过渡效果"

3 单击此按钮添加属性

步骤 5

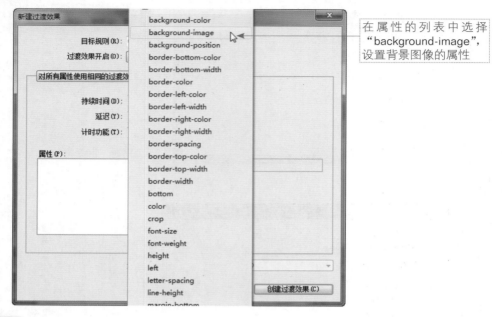

在属性的列表中选择"background-image"，设置背景图像的属性

步骤 6

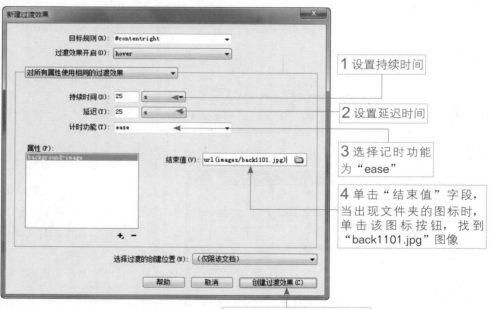

1 设置持续时间

2 设置延迟时间

3 选择记时功能为"ease"

4 单击"结束值"字段，当出现文件夹的图标时，单击该图标按钮，找到"back1101.jpg"图像

5 单击此按钮创建过渡效果

步骤 **7**

按 "F12" 键浏览该网页，就可以看到当鼠标移入右侧的网页区域时，会显示如图所示的背景图像

11-6-2 编辑选取的过渡效果

设置之后的 CSS 过渡效果，如果不满意它的效果，想要再次编辑内容，可以在面板上单击属性名称，再单击 按钮，即可进入原设置窗口中进行编辑。

步骤 **1**

2 单击此按钮进入编辑窗口

1 选择此属性

步骤 **2**

选择此属性，就可以针对局部选项做调整

若再添加其他属性，单击此按钮可应用多个属性

不想要的属性可单击此按钮删除

11-6-3 移除规则 / 类型或过渡效果

如果想要将已经设置好的规则、类型或转变加以删除，则可直接在"CSS 过渡效果"面板上进行删除。

步骤 1　　　　　　　　　　　　　　　　　　　**步骤 2**

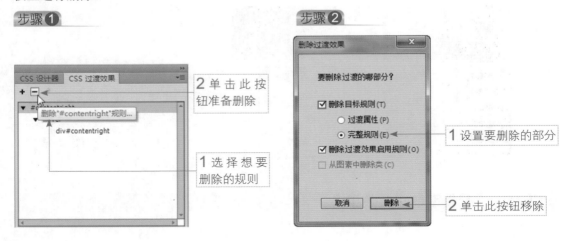

11-7　范例实战：CSS 样式规划

在这里要对范例实战中所设计的页面，利用 CSS 样式功能来进行格式的美化。打开"news.html"，我们要来设计标题文字及水平线所使用的样式。

11-7-1 设置"标题文字"的 CSS 样式

打开"CSS 设计器"面板，我们要在"webstyle.css"样式表中继续设置 H3 的文字样式。

步骤 1

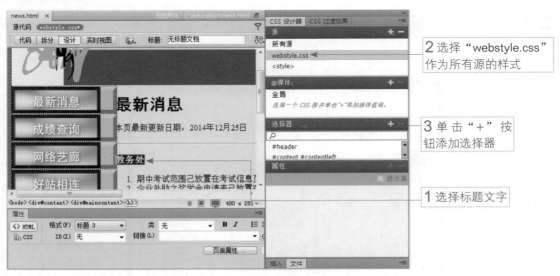

步骤 ②

1 选择刚刚添加的选择器

2 单击"文字"按钮

3 将文字设为蓝色

步骤 ③

1 单击"背景"按钮

2 将背景颜色设为黄色

步骤 ④

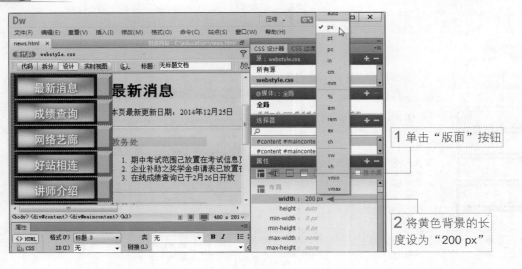

1 单击"版面"按钮

2 将黄色背景的长度设为"200 px"

步骤 5

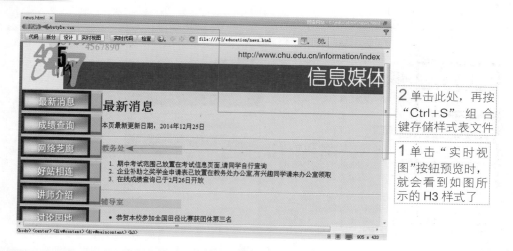

2 单击此处，再按
"Ctrl+S" 组合
键存储样式表文件

1 单击 "实时视
图"按钮预览时，
就会看到如图所
示的 H3 样式了

11-7-2　设置 "水平线" 的 CSS 样式

完成标题文字的设置后，接下来将设置水平线的样式效果。

步骤 1

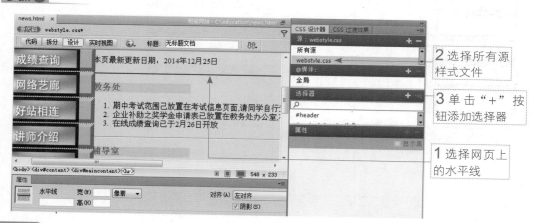

2 选择所有源
样式文件

3 单击 "+" 按
钮添加选择器

1 选择网页上
的水平线

步骤 2

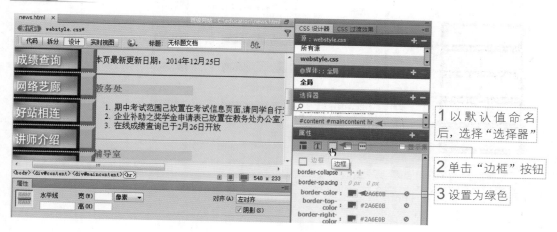

1 以默认值命名
后，选择 "选择器"

2 单击 "边框" 按钮

3 设置为绿色

236

步骤 ❸

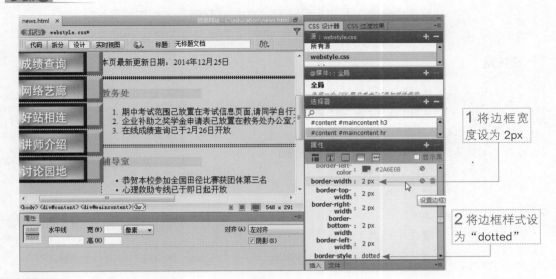

1 将边框宽度设为 2px

2 将边框样式设为 "dotted"

步骤 ❹

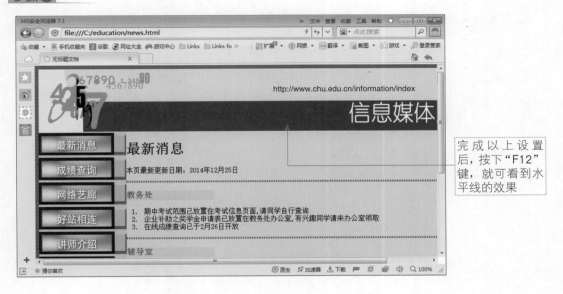

完成以上设置后，按下 "F12" 键，就可看到水平线的效果

课后习题与练习

判断题

1. （　　） 样式内容一经修改，页面上应用样式的区域必须手动更新。
2. （　　） 外部样式表文件可以同时应用到多个网页中。
3. （　　） CSS 样式的作用是为了加强网页上的排版效果。
4. （　　） "CSS 设计器" 面板主要用来设置各种 CSS 样式。
5. （　　） CSS 样式的 "移除 CSS 属性" 与 "停用 CSS 属性" 功能效果是一样的。

6.（   ）CSS 可以将原先的 html 代码加以修改，以增加其格式效果。

7.（   ）"在页面中定义"的作用是将 CSS 的样式代码包含在该网页代码内。

8.（   ）"外部样式表文件"是将所设计的样式效果独立存储成 CSS 文件。

选择题

1.（   ）要如何打开"CSS 设计器"面板：

    （A）"窗口 /CSS 设计器"　　　　　　　（B）"面板 /CSS 设计器"

    （C）"查看 /CSS 设计器"　　　　　　　（D）"效果 /CSS 设计器"

2.（   ）以下哪个标签不属于 html 元素：

    （A）h1　　　　　（B）hr　　　　　（C）br　　　　　（D）note

3.（   ）外部样式的扩展名为：

    （A）html　　　　（B）dwt　　　　（C）css　　　　（D）xml

4.（   ）下列哪项不是属于超链接效果的样式类型？

    （A）a:link　　　（B）a:visited　　　（C）a:hover　　　（D）a:blank

练习题

打开范例文件 exp1101.html，将网页中的项目符号改为 icon2.gif 图像文件。

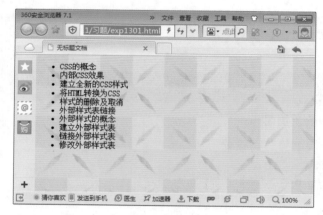

本篇主要着重在网站资源的使用、管理，以及交互表单和行为命令的运用，让网站管理者可以更轻松管理网站。

第四篇

交互、优化及轻松管理网站篇

第 12 章 资源库与模板："讲师介绍"页面设计

内容摘要

文件面板与资源面板是 Dreamweaver 的两大管理中心，分别管理站点文件、页面组件等文件，因此其重要性可想而知，现在就来好好研究资源面板中的各项功能。

本章将从资源面板开始介绍 Dreamweaver 中的各种资源类型，以及如何运用库资源来创建属于网页资源数据库。接着再以模板资源为例，学习如何运用模板功能来加速相同风格的网页设计，让网页设计更有效率。

教学目标

★ 使用资源面板：资源面板介绍、资源面板的操作管理
★ 活用库功能：创建库内容、使用库内容、库内容的修改及更新、新建空白库项目
★ 使用模板功能：模板概念、如何创建模板文件、应用模板、移除模板、模板管理
★ 范例实战："讲师介绍"页面设计

12-1 使用资源面板

"资源面板"是 Dreamweaver 的资源管理中心，共有管理图片、颜色、超链接、影片等 8 种资源。本章将会介绍"资源面板"的各种操作技巧。

12-1-1 "资源"面板介绍

执行"窗口/资源"命令，打开"资源"面板，下图中所显示的是"班级网站-education"中的相关资源内容。

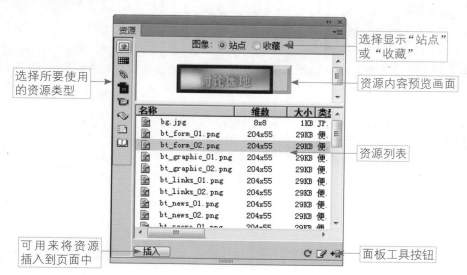

在面板中可以管理的资源类型如下：

资源图示	资源类型
![]	显示网站中的所有 JPG、GIF 及 PNG 格式的图像文件
![]	显示使用于网站中文件与样式表的颜色，包括了文字、背景、链接等颜色
![]	显示使用网站中的外部链接，包括了网址、电子邮件等链接
![]	显示网站中的所有 Flash 影片文件（swf）
![]	显示网站中的所有影片文件
![]	显示网站中的 Javascript 及 VBscript 文件
![]	显示网站中的所有模板文件
![]	显示网站中的所有库元素

不过面板内的数据并不会自动产生，它是依据用户在网页中所加入的图片或超链接等页面元素，然后列出元素列表，以便于后续的使用。

12-1-2 资源面板操作管理

了解资源面板可以管理的资源类型是学习的第一步，其次就是要熟悉面板中的各项操作。

使用"收藏"功能

在众多资源中，一定有些是经常使用的。为了避免每次使用时都要在各个类型之间切换寻找，运用面板中的"收藏"功能是一个不错的方法。

步骤 1

1 先选择要加入到收藏中的资源项目

2 单击此按钮，加入到收藏

步骤 2

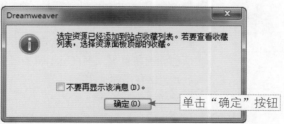

单击"确定"按钮

步骤 3

选择此单选按钮，可切换到"收藏"画面

加入到"收藏"中的资源项目

单击此按钮可将资源项目从"收藏"中删除

若要查看所有资源的画面时，只要再选择面板上方的"站点"单选按钮就可以了。

其他编辑功能

资源面板中还有一些其他功能命令，下面将对其进行说明。

2 选择所要操作的命令

1 先在资源项目上单击鼠标右键

命令	功能
刷新站点列表	当网站中的各个资源有新建或删除时，可以利用此功能来重新整理资源面板中的资源列表
重建站点列表	如果是在 Dreamweaver 以外的位置新建或删除资源时，可以利用此功能来重新创建资源面板中的资源列表
编辑	根据"外部编辑程序"的设置来编辑所选择的项目
插入	将所选择的项目加入到目前编辑的网页中，如果目前没有打开任何网页，是无法使用的
添加到收藏夹	将所选择的项目加入到收藏中
复制到站点	将所选择的项目复制到其他站点的资源面板
在站点定位	会切换到文件面板，用以显示资源的文件名称及所在位置

12-2　活用库功能

　　虽然库是资源面板中的一项功能，不过却和其他的资源大不相同。以图片或超链接等资源为例，位于"资源"面板中的资源项目都是属于网站及网页中所现有的，并无法视个人的需要而自行设计。反之，位于库项目中的资源，则是可以依据不同的需求而自行设计，设计者可以任意将文字、表格、图片及其他网页组件组合成为一个库项目，以后若在页面中需要相同的内容时，只要将当初所创建的库项目直接加入到页面中即可，不需要再重新设计，也算是资源的一个进阶应用。

12-2-1　库内容的创建

　　打开范例文件"12_01.html"，网页上已经创建了一组公司联系信息，这里要将网页上的图文转换成库数据。

步骤 ①

2 选择公司的相关信息

3 单击面板右上角的按钮，选择"新建库项"选项

1 单击此按钮切换到"库"

步骤 ②

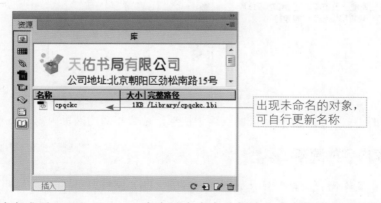

出现未命名的对象，可自行更新名称

　　库项目新建完成后，Dreamweaver 会在站点中自动创建一个名为"Library"的文件夹来放置库项目，而每一个库项目都是一个扩展名为 lbi 的独立文件。

放置库内容的文档

12-2-2 使用库内容

接着来看看，如何将新建好的库项目应用在所编辑的网页中，先新建一个空白网页文档来进行练习。

步骤❶

1 建立空白新网页

2 选择要加入到页面上的图库项目

3 单击"插入"按钮

步骤❷

添加到页面中的库内容

利用相同的方式，就可以在不同的页面中快速地放置相同的网页内容。

12-2-3 库内容的更新

如果想要更新库内容，就要打开放置库内容的（lbi）文件。

步骤 ①

2 此时会打开库文档

1 在要修改的图库
名称上双击

步骤 ②

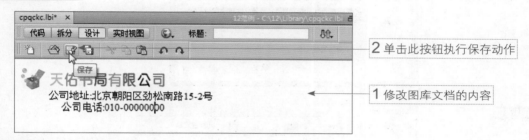

2 单击此按钮执行保存动作

1 修改图库文档的内容

步骤 ③

有加入库项目的页面，
都可以单击"更新"按
钮自动更新

步骤 ④

1 设置查询整个站点或文件使用

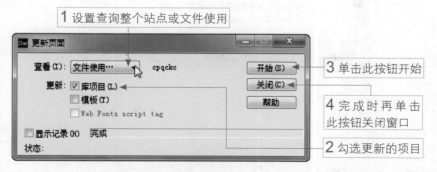

3 单击此按钮开始

4 完成时再单击
此按钮关闭窗口

2 勾选更新的项目

　　完成以上动作后，就会发现先前加入库范例的网页，其内容也同时更新了，所以当你对
资源文件的内容进行修改时，相关网页也会随之更新。如果要取消库项目和目前网页之间的

链接时，可以使用"属性"面板来进行。

1 鼠标双击，选择要取消图库链接的库项目

2 单击此按钮

单击"确定"按钮

取消链接的库内容，此时就可以自由编辑了

12-2-4 创建空白库项目

若想要使用全新的页面来设计库项目时，也可以创建空白的库文档。

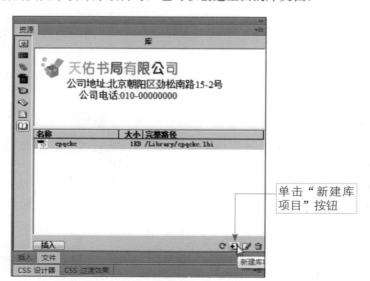

单击"新建库项目"按钮

步骤 2

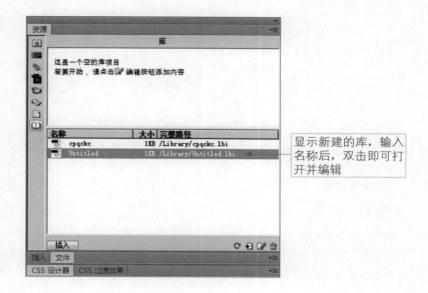

显示新建的库，输入
名称后，双击即可打
开并编辑

12-3 使用模板功能

无论哪种类型的网站，都会强调页面风格的一致性。这看似简单，但不知大家是否想
过，要在每一页上都放置相同的东西，做相同的操作，如果一次就 OK 那还好，若客户要求
修改页面中的某个地方时，就必须要一页一页地修改，不仅浪费时间又毫无效率可言，幸好
Dreamweaver 提供了模板功能，可以一劳永逸地解决这个烦人的问题。

12-3-1 模板的概念

模板功能主要在于节省网页的设计时间，让大家不必为了风格相同的多个页面，而持续
去做重复的设计操作，以下就是模板的使用流程。

创建模板文件

可以先对于所需要的风格效果设计出一个页面，接着再将这个页面另存成模板文件（扩
展名为 dwt）。

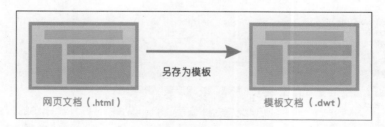

应用模板效果

将此模板文件中的网页效果直接应用到其他页面上，如此便可快速地创建许多相同风格
的网页文件（如图中的空白页面 1、2）。

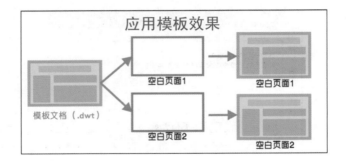

更新模板效果

　　若遇到需要修改页面风格时又该如何处理？别担心，一旦将模板文件中的效果应用到其他页面时，Dreamweaver 会自动在模板文件与应用页面之间创建一个链接关系，以后只要模板文件的内容有因为修改而变动时，Dreamweaver 就会通过此链接关系，将所有应用模板效果的页面作更新（如图中的空白页面 1、2）。

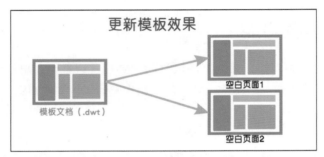

　　在模板功能的辅助下，设计者可以专心地从事页面风格的设计，不必为了修改其他页面而费心。在大型网站的规划与编排设计上，确实节省了许多宝贵的时间和精力。

12-3-2　创建模板文件

　　打开要制作成模板的网页文件"12_02.html"，接着执行"文件 / 另存为模板"命令，存储模板文件。

步骤 ①

打开"12_02.html"网页文档后，执行"文件 / 另存为模板"命令

步骤 **2**

2 再单击"保存"按钮

1 输入要保存的模板名称

步骤 **3**

单击"是"按钮离开

步骤 **4**

新建完成的模板文件，扩展名为 .dwt

新建完成模板文件除了会显示在编辑画面之外，也可在"文件"与"资源"面板看到"模板"的踪迹。

文件面板

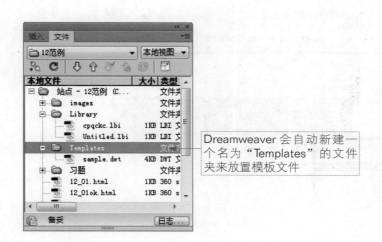

Dreamweaver 会自动新建一个名为"Templates"的文件夹来放置模板文件

资源面板

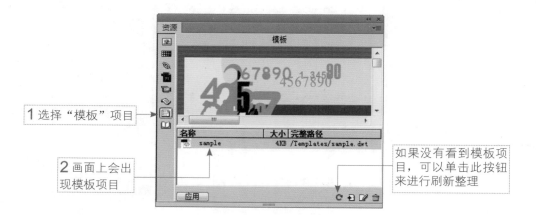

1 选择 "模板" 项目

2 画面上会出现模板项目

如果没有看到模板项目，可以单击此按钮来进行刷新整理

12-3-3　应用模板效果

要体会 "模板" 的好处，最快的方式就是直接来进行实例操作。新建两个空白文件，并将文件名分别命名为 "temp1.html" 及 "temp2.html"，再将模板应用在 "temp1.html" 网页上。

步骤 1

1 先选择 "temp1.html"

2 在 "资源" 面板上选择刚刚加入的模板

3 单击 "应用" 按钮，将范本文件应用到网页上

步骤 2

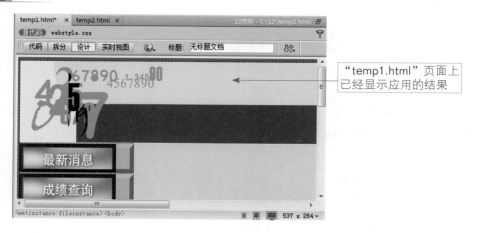

"temp1.html" 页面上已经显示应用的结果

步骤 3

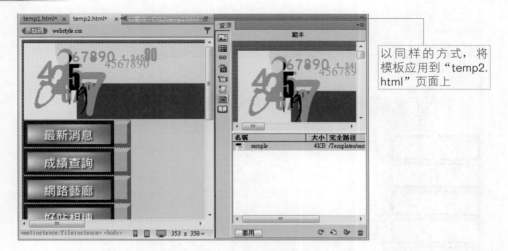

以同样的方式，将
模板应用到"temp2.
html"页面上

12-3-4 创建可编辑区域

当我们将模板应用到其他网页后，为了维护画面风格的一致性，Dreamweaver 并不允许在那些应用模板的页面中做任何的编辑动作，因此其光标图标是显示禁止编辑的。

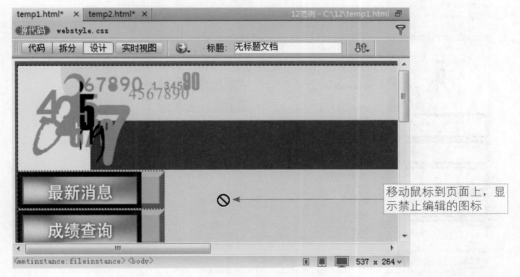

移动鼠标到页面上，显
示禁止编辑的图标

要编辑的话，就必须先在模板文件中定义出一块"可编辑区域"，此时其他应用模板的页面，也因为自动更新而会有同样的一块区域，以后设计者只能在此区域中创建或编辑属于这个区块内的数据内容。

步骤 **1**

1 打开模板文件
"sample.dwt"

2 选 择 DIV
标签的范围

步骤 **2**

执行"插入／模板／
可编辑区域"命令

步骤 **3**

2 单击"确定"按钮

1 输入名称

步骤 ④

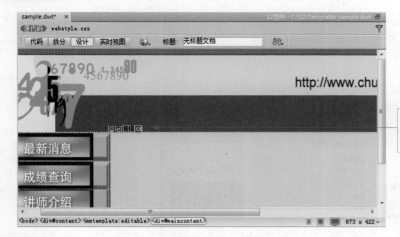

此处显示可编辑区域的名称,按"Ctrl+S"组合键执行保存动作

步骤 ⑤

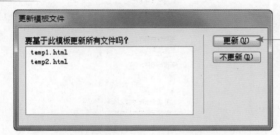

有用到该模板的网页文件,就会出现在此对话框中,单击"更新"按钮可以一起更新所有网页文档

步骤 ⑥

2 单击此按钮开始更新页面

3 更新后单击此按钮关闭窗口

1 选择整个站点

此时切换到"temp1.html"、"temp2.html"页面,就可以看到网页已经应用新的模板,而且可以在指定的区域中开始编辑内容。

除了标注"网页编辑区"的区域可以编辑图文外,其余的部分都无法编辑

12-3-5 删除应用到页面的模板

当某个网页不再需要和模板做链接时，可以执行"修改 / 模板 / 从模板中分离"命令，来取消与模板文件的关连性，先切换到"temp2.html"，再执行分离命令。

步骤 1

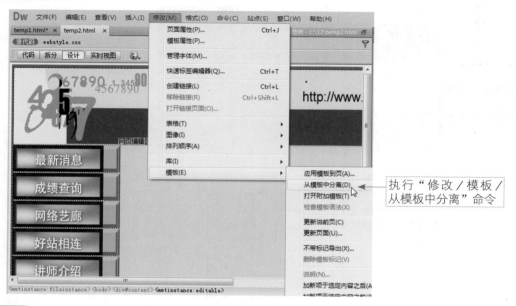

执行"修改 / 模板 /
从模板中分离"命令

步骤 2

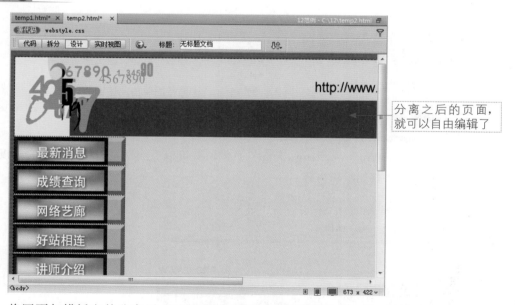

分离之后的页面，
就可以自由编辑了

将网页与模板文件分离后，只是取消二者之间的链接关系，并不会在网页中把原本模板的内容删除，若有不再使用的部分可自行删除。

12-3-6 管理模板文件

除了前面介绍的应用模板文件、创建可编辑区域，以及移除应用模板等常用的使用技巧外，下面还要介绍"资源面板"中有关于模板的相关命令。

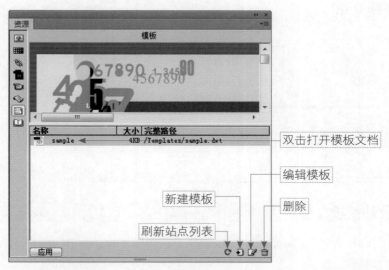

如果要使用"打开旧文件"的方式来打开模板文件，到站点下的"Templates"文件夹内，才能找到模板文件。

12-4 范例实战："讲师介绍"页面设计

将"班级网站"中的"index.html"首页动画去除后，执行"文件/另存为"命令存储成"teacher.html"，这里准备要设计各个讲师的简介页面。

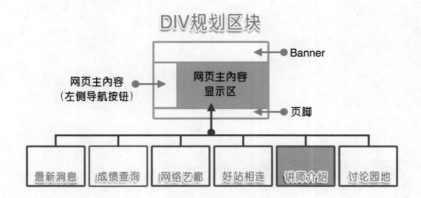

12-4-1 加入页面标题与图像图片

首先在网页主内容显示区中加入 H1 标题与图像文件"teacher_01.png"，使画面显示如下：

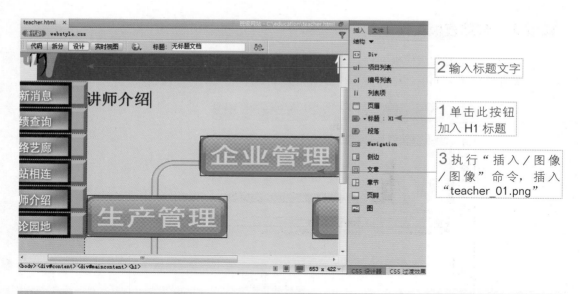

2 输入标题文字

1 单击此按钮
加入 H1 标题

3 执行"插入 / 图像
/ 图像"命令，插入
"teacher_01.png"

12-4-2 设计模板文件

新建空白文件并命名为"teacher_temp.html"，同时以"teacher_BG.png"来作为背景图像，再将文件存储为模板文件。

步骤❶

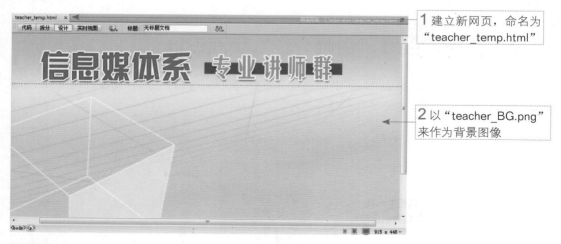

1 建立新网页，命名为
"teacher_temp.html"

2 以"teacher_BG.png"
来作为背景图像

步骤❷

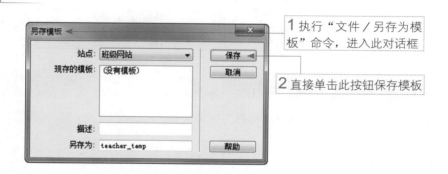

1 执行"文件 / 另存为模
板"命令，进入此对话框

2 直接单击此按钮保存模板

步骤 ③

单击"是"按钮离开

12-4-3 新建可编辑区域

在页面上绘制一个表格，然后将其转换成"可编辑区域"，转换完成后就可以存储并关闭。

步骤 ①

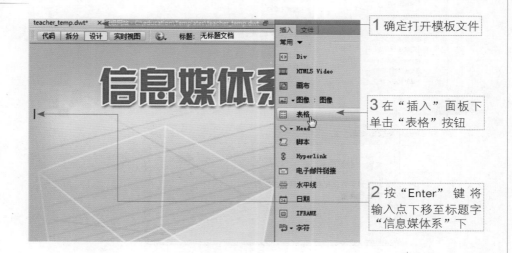

1 确定打开模板文件

3 在"插入"面板下单击"表格"按钮

2 按"Enter"键将输入点下移至标题字"信息媒体系"下

步骤 ②

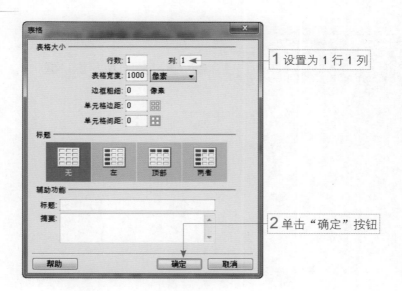

1 设置为 1 行 1 列

2 单击"确定"按钮

步骤 3

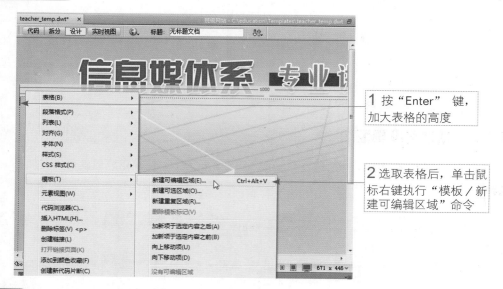

1 按 "Enter" 键，
加大表格的高度

2 选取表格后，单击鼠
标右键执行 "模板 / 新
建可编辑区域" 命令

步骤 4

2 单击 "确定" 按钮

1 输入编辑区域名称

步骤 5

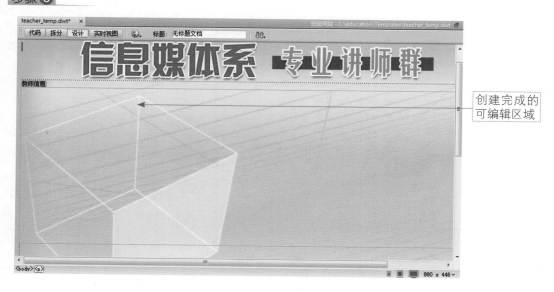

创建完成的
可编辑区域

12-4-4　设置各讲师页面

新建 4 个空白文件（文档名为 teacher_01 到 teacher_04），然后依序应用模板效果，下面操作是以"teacher_01.html"为例。

步骤 ❶

1 打开 "teacher_01.html"

2 在"资源"面板中选择 "teacher_temp"模板

3 单击"应用"按钮应用到网页中

步骤 ❷

2 单击"表格"按钮

1 将鼠标光标移到可编辑区域中

步骤 ❸

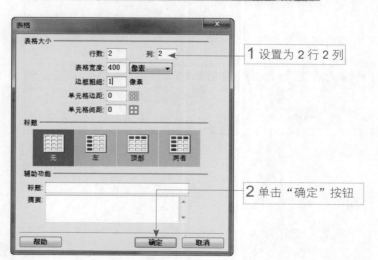

1 设置为 2 行 2 列

2 单击"确定"按钮

步骤 4

2 选择这两
个单元格

1 分别选择单元
格，在此指定背
景为白色和橙色

3 单击此按钮
将单元格合并

步骤 5

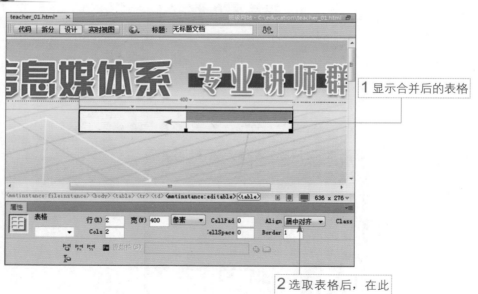

1 显示合并后的表格

2 选取表格后，在此
设置"居中对齐"

步骤 6

2 在此单元格中插入 "teacher_01. jpg"图片文件

1 单击"图像"按钮

3 在此输入讲师的相关信息

4 单击此按钮将讲师信息设为"顶端"

步骤 7

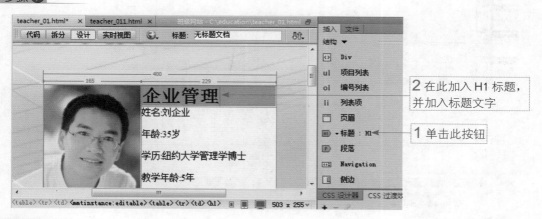

2 在此加入 H1 标题，并加入标题文字

1 单击此按钮

步骤 8

按"F12"键预览网页，即可看到完成的效果

其他讲师页面所要加入的图片则如下表所示，至于文字内容可自行构思。

网页名称	人物图像	科别名称
teacher_02.html	teacher_02	营销概论
teacher_03.html	teacher_03	生产管理
teacher_04.html	teacher_04	经济学

12-4-5 创建网页超链接

再打开"teacher.html"，我们要在这里创建4个超链接，以便链接到"讲师介绍"的页面（这里将使用矩形链接区域）。

企业管理讲师的页面链接

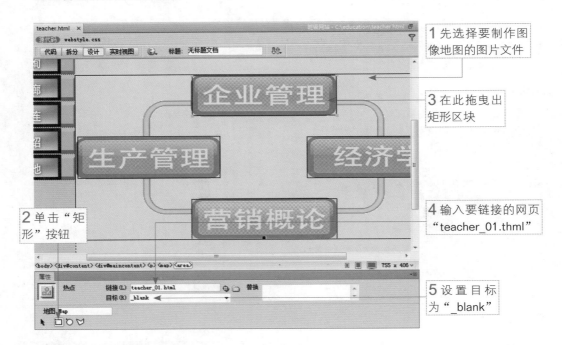

1 先选择要制作图像地图的图片文件

3 在此拖曳出矩形区块

4 输入要链接的网页"teacher_01.thml"

2 单击"矩形"按钮

5 设置目标为"_blank"

其他链接区域的链接设置

链接页面	属性面板的链接设置
营销概论	链接(L) teacher_02.html 目标(R) _blank
生产管理	链接(L) teacher_03.html 目标(R) _blank
经济学	链接(L) teacher_04.html 目标(R) _blank

依序完成以上3个超链接设置，图像地图的设置就大功告成。

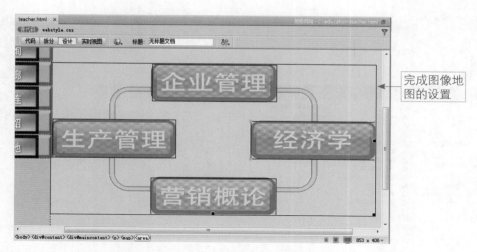

完成图像地图的设置

最后存储所有网页文件并打开浏览器，预览前面所设计的网页效果。

步骤 ❶

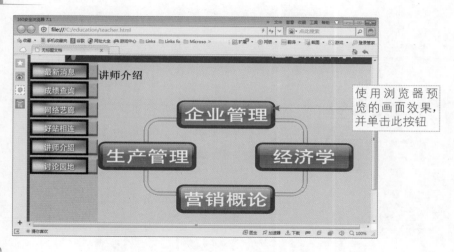

使用浏览器预览的画面效果，并单击此按钮

步骤 ❷

出现如图所示的画面

　　另外，要想快速创建具有模板效果的页面，可执行"文件 / 新建"命令，并进入如下所示的对话框。

步骤❶

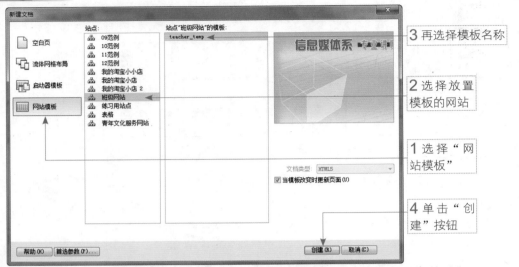

3 再选择模板名称

2 选择放置模板的网站

1 选择"网站模板"

4 单击"创建"按钮

步骤❷

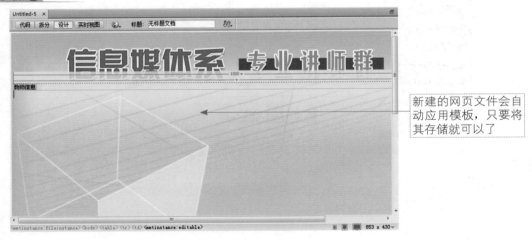

新建的网页文件会自动应用模板，只要将其存储就可以了

课后习题与练习

判断题

1.（　　）模板文件改变后存盘，其他有应用模板的网页也会一起更新。

2.（　　）资源面板的内容全部都是站点自己产生的。

3.（　　）经常使用的资源，可加入到"收藏"项目中。

4.（　　）每一个模板文件中，只能创建一个"可编辑区域"。

5.（　　）资源面板中的"库"，顾名思义只能用来管理图像元素。

选择题

1.（　　）模板文件的扩展名为：

　　（A）dwt　　　　　　　（B）lbi　　　　　　　（C）html　　　　　　（D）css

2.（　　）以下哪种资源类型无法在资源面板中找到：

　　（A）超链接　　　　（B）文件　　　　　　（C）图文件　　　　　（D）模板

3.（　　）要启动资源面板时，可执行：

　　（A）"窗口 / 资源"　　　　　　　　　　（B）"面板 / 资源"

　　（C）"工具 / 资源"　　　　　　　　　　（D）"查看 / 资源"

4.（　　）库项目的扩展名为：

　　（A）html　　　　　　（B）dwt　　　　　　　（C）lbi　　　　　　　（D）css

5.（　　）库项目新建完成后，Dreamweaver 会在网站中自动创建哪一个文件夹？

　　（A）library　　　　　（B）images　　　　　（C）templates　　　　（D）css

填空题

1. 必须先在模板文件上创建＿＿＿＿＿＿＿＿后，才能在应用模板的网页上加入数据。

2. Dreamweaver 会自动创建＿＿＿＿＿＿＿＿文件夹，作为存储模板文件之用。

3. 要将现有的页面转换成模板时，可执行＿＿＿＿＿＿＿＿命令。

练习题

将范例文件中的 expicon01.gif 图像复制到文件夹中，并且新建一空白库（名称为 list_button），库内容则如下图所示。

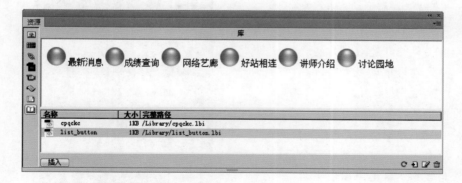

第13章 增加交互性表单技巧：
"讨论园地"页面设计

内容摘要

　　表单提供一个让浏览者可以输入资料的网页界面，如会员登记、在线查询及购物等，都是表单的应用范围。要让用户可以顺利且正确地填写表单数据，对于表单中各组件的功能及设置，有详加了解的必要。此章将了解表单域的创建方式与表格排版技巧，同时学习各种表单组件及使用时机，最后再利用电子邮件来传送浏览者所填写的表单数据。

教学目标

★ 表单的创建：表单域的创建，运用表格编排表单

★ 各种表单组件的使用：创建文本类型、选项类型、按钮组件等各种类型的表单组件，同时介绍表单的传送设置

★ 范例实战："讨论园地"页面设计

13-1 表单的创建

　　右图中就是网络中常见的表单页面，而本章也将会带领大家利用各项表单功能，设计出如图所示的会员注册表单界面。

　　这里将表单的创建区分为两个步骤，第一是创建表单域及表格，其次是加入及设置各个表单组件。"表单域"是指在页面上的红色虚线外框，这个外框会在创建表单时自动产生，同时接下来的所有表单组件都是在这个范围内加入与设置，这里可以使用一个空白的网页文档来做练习。

步骤 1

2 在 "插入" 面板
的 "表单" 类型中
单击 "表单" 按钮

1 先选择要加入
表单域的位置

步骤 2

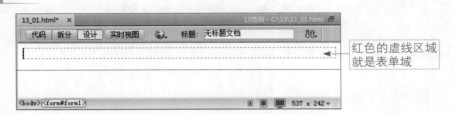

红色的虚线区域
就是表单域

步骤 3

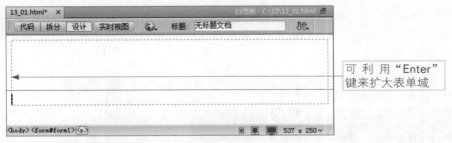

可 利 用 "Enter"
键来扩大表单域

在表单域内加入表格是为了易于规划表单界面,通过对表格中行列的划分及单元格背景色的调整,能让整个表单看起来清楚明了,同时也有助于用户填写数据。

步骤 1

1 先选择要加
入表格的位置

2 单击此按钮加
入 9 行 1 列,宽
480 像素的表格

步骤 2

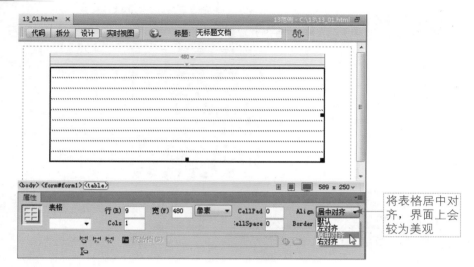

将表格居中对齐，界面上会较为美观

13-2 各种表单组件的使用

表单中的各项组件才是表单设计时的重点，打开范例文件"member.html"，页面中已有表单域及排版表格，我们将利用"插入"面板上的"表单"类型，在表格分类中加入表单组件。而任何的表单组件在加入到页面后，还需要利用"属性"面板做一些设置，才能让此组件符合表单窗口的需求。

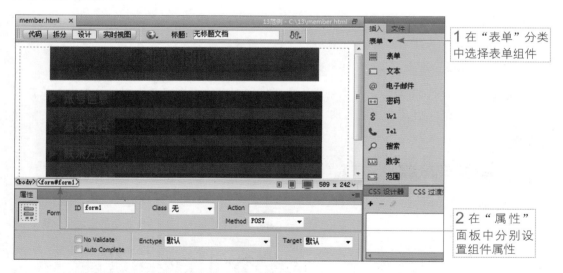

1 在"表单"分类中选择表单组件

2 在"属性"面板中分别设置组件属性

13-2-1 文本 / 密码 / 文本区域

文本类型的表单组件，主要是要让用户填写文本数据之用，而其中又因填写数据的不同，大致上区分为"文本"、"密码"、"文本区域"等类型。

文本

用于填写个人的信息，如用户名称、会员名称、身分证号码、联系地址等，都可使用"文本"组件。

步骤 ❶

2 单击"文本"按钮，加入单行文本组件

1 先选择要加入"文本"组件的位置

步骤 ❷

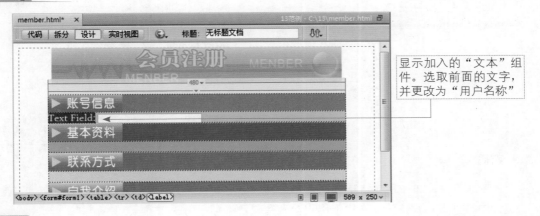

显示加入的"文本"组件。选取前面的文字，并更改为"用户名称"

步骤 ❸

1 选择刚加入的文本组件

2 在"属性"面板中输入代表的名称

3 输入字符宽度与最大字符数

4 在此输入初始值

5 勾选此项表示一定要输入

在"属性"面板中，"Name"主要是设置表单组件的名称，以作为数据传送时使用，可使用英文及数字，但不要使用中文；"Size"是设置文本框在页面上显示的宽度；"Max Length"是设置用户在文本框中最多可以输入的字数；"Value"则是设置在文本框中所默认显示的文本内容。

表单中的"会员姓名"、"身份证号码"、"联系地址"等文本做法和前面一样，在此只列出各文本框的设置内容，可自行练习加入。

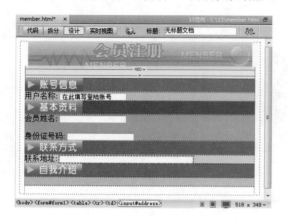

文本框数据 设置内容
会员姓名 Name：username Size：20 Max Length：12
身份证号码 Name：userID Size：20 Max Length：12
联系地址 Name：address Size：40 Max Length：40

密码

"密码"文本框中所输入的任何信息，都会以"●"或"星号"来显示，避免在信息输入的过程中被别人得知，因此常用于用户输入密码及账号之用。

步骤 1

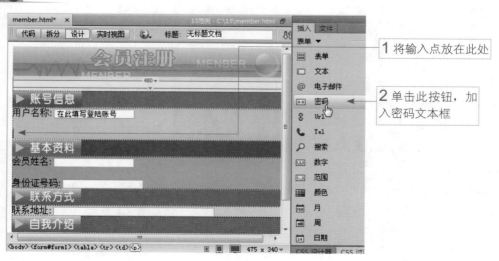

1 将输入点放在此处

2 单击此按钮，加入密码文本框

步骤 2

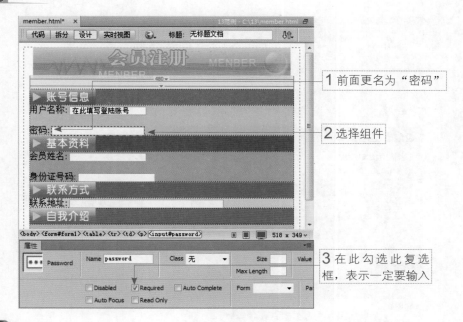

1 前面更名为"密码"

2 选择组件

3 在此勾选此复选框，表示一定要输入

步骤 3

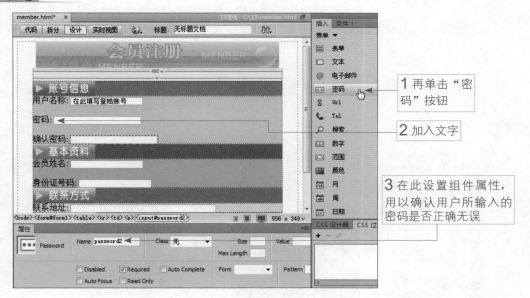

1 再单击"密码"按钮

2 加入文字

3 在此设置组件属性，用以确认用户所输入的密码是否正确无误

步骤 ④

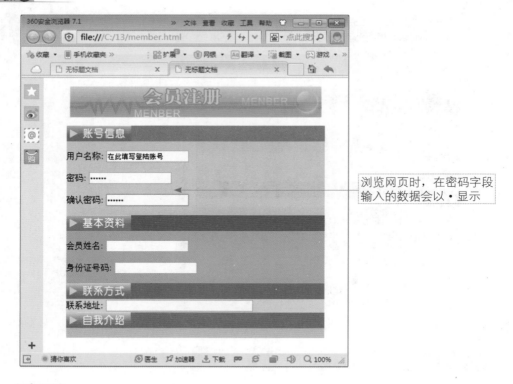

浏览网页时,在密码字段
输入的数据会以·显示

文本区域

对于需要填写大量的文本信息,如个人意见或讨论文本等,就可以选择"文本区域"的
表单组件。

步骤 ①

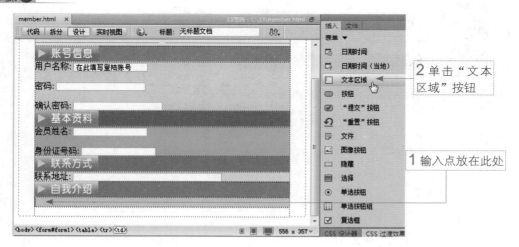

2 单击"文本
区域"按钮

1 输入点放在此处

步骤 ②

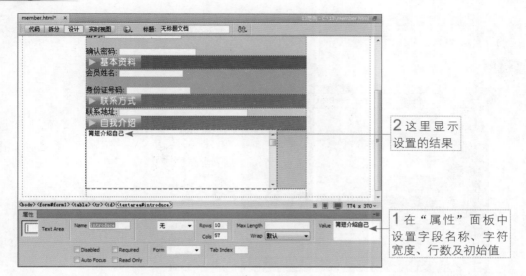

2 这里显示设置的结果

1 在"属性"面板中设置字段名称、字符宽度、行数及初始值

13-2-2 电子邮件 / 电话

"电子邮件"和"电话"在 CC 版本中已经被独立出来，它也算是文本的一种。选用该表单组件，其文本框名称自动会以"email"和"tel"显示。

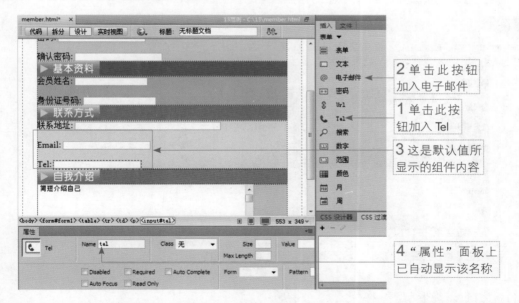

2 单击此按钮加入电子邮件

1 单击此按钮加入 Tel

3 这是默认值所显示的组件内容

4 "属性"面板上已自动显示该名称

13-2-3 单选类型组件

若信息内容是属于几个固定项目来做选择时，可以使用表单中的单选类型组件。

单选按钮 / 单选按钮组

　　"单选按钮"只能进行单选之用，所以每一组的"单选按钮"的名称必须相同才能具有单选的功能，例如："性别"选项的名称就同为"sex"。

步骤❶

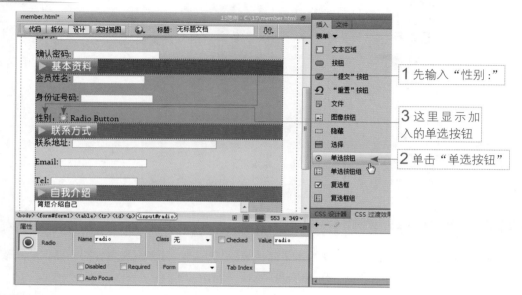

1 先输入"性别:"

3 这里显示加入的单选按钮

2 单击"单选按钮"

步骤❷

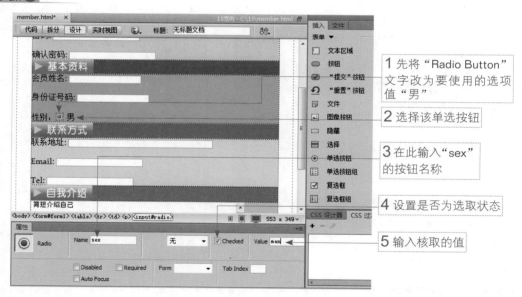

1 先将"Radio Button"文字改为要使用的选项值"男"

2 选择该单选按钮

3 在此输入"sex"的按钮名称

4 设置是否为选取状态

5 输入核取的值

274

步骤 ❸

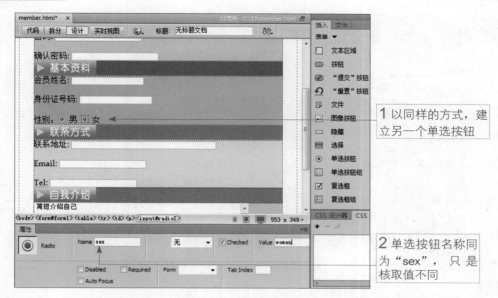

1 以同样的方式，建立另一个单选按钮

2 单选按钮名称同为"sex"，只是核取值不同

同样地，"血型"的选择也是属于单选。这里我们以"单选按钮组"来做说明。

步骤 ❶

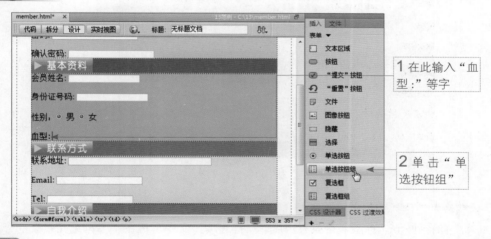

1 在此输入"血型："等字

2 单击"单选按钮组"

步骤 ❷

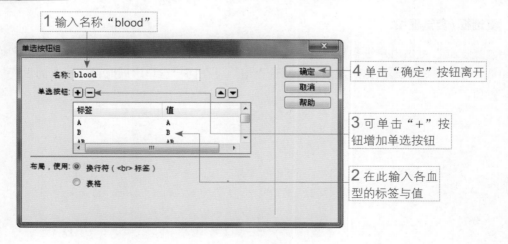

1 输入名称"blood"

4 单击"确定"按钮离开

3 可单击"+"按钮增加单选按钮

2 在此输入各血型的标签与值

步骤 **3**

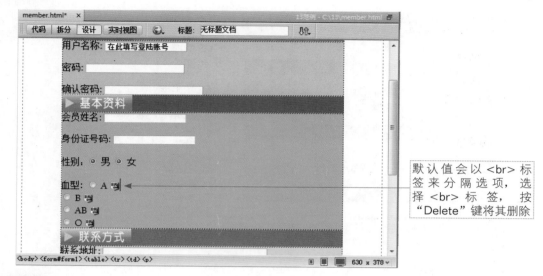

默认值会以
 标签来分隔选项，选择
 标签，按 "Delete" 键将其删除

步骤 **4**

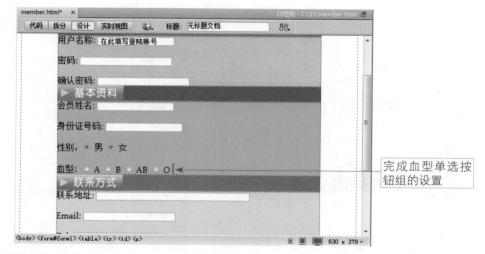

完成血型单选按钮组的设置

如果没有看到
 标签，可执行"编辑／首选项"命令，再在"不可见元素"的分类中勾选"换行符"复选框，就可以在网页上看到 br 的标记符号了。

复选框／复选框组

"复选框"可供用户进行复选之用。由于要进行多重选择，所以每一个复选框的名称不能相同，避免产生传送数据的混淆。"复选框组"可在同一窗口中同时设置所有的设置标签与设置值。

步骤 ❶

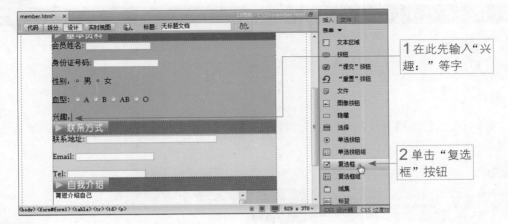

1 在此先输入"兴趣："等字

2 单击"复选框"按钮

步骤 ❷

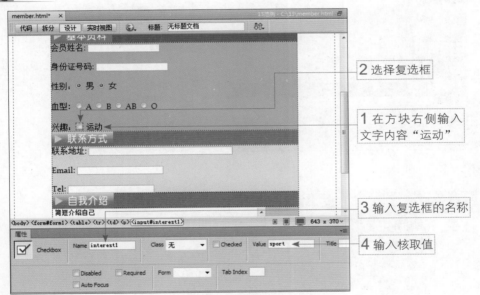

2 选择复选框

1 在方块右侧输入文字内容"运动"

3 输入复选框的名称

4 输入核取值

步骤 ❸

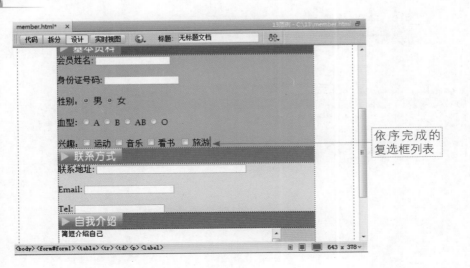

依序完成的复选框列表

复选框的设置内容则以表格显示如下，可自行设置。

文本框数据	name	value	checked
音乐	interest2	music	不核取
看书	interest3	book	不核取
旅游	interest4	travel	不核取

选择

"选择"组件是将多个项目，以下拉式列表的方式供用户选择。这里我们以的"学历"作介绍。

步骤 1

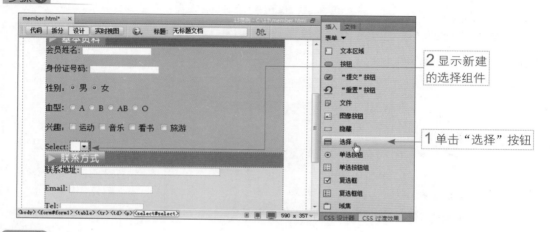

步骤 2

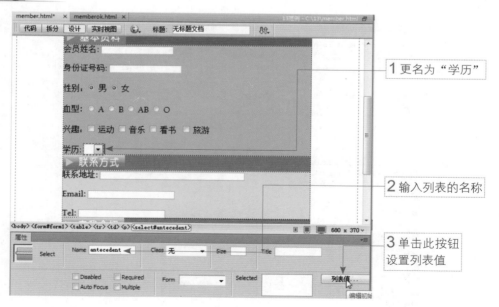

步骤 ③

2 设置完成单击“确定”按钮离开

1 依序单击“＋”按钮，在下方文本框中输入项目标签及其值

步骤 ④

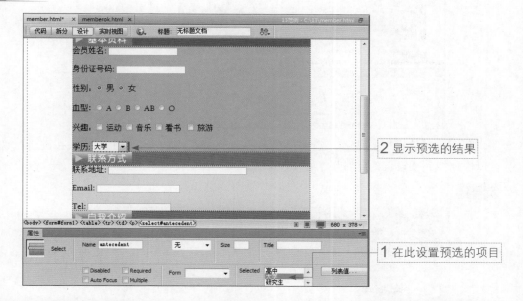

2 显示预选的结果

1 在此设置预选的项目

13-2-4 日期时间类型组件

在 CC 版本中，表单的组件中增加了许多种有关日期、时间、月份、周等的组件，以方便用户快速在表单中选择时间或日期。此处以“生日”这个选项来说明“日期”的使用方式。

步骤 ①

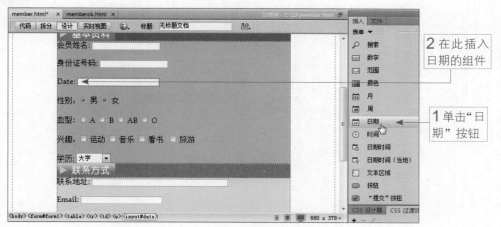

2 在此插入日期的组件

1 单击“日期”按钮

步骤 2

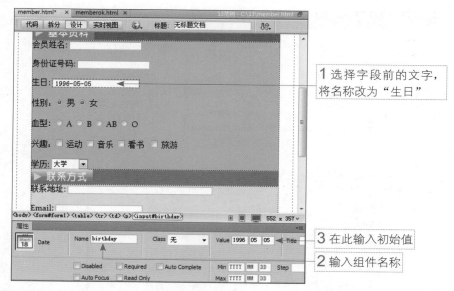

1 选择字段前的文字，将名称改为"生日"

3 在此输入初始值

2 输入组件名称

两个步骤就设置完成了。当用户在填写表单内容时，只要按上下箭头按键进行切换，就可以快速找到要设置的年月日了。

步骤 1

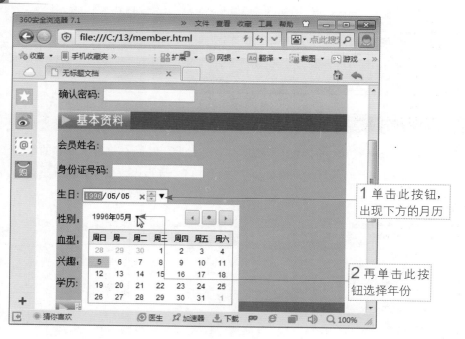

1 单击此按钮，出现下方的月历

2 再单击此按钮选择年份

步骤 2

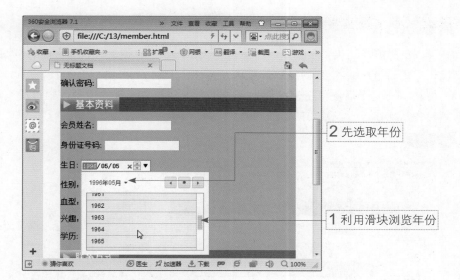

2 先选取年份

1 利用滑块浏览年份

步骤 3

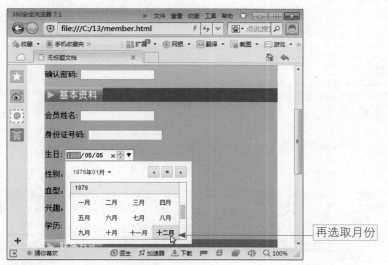

再选取月份

步骤 4

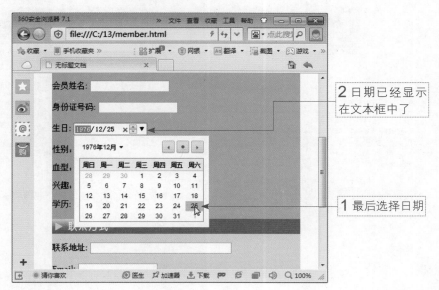

2 日期已经显示
在文本框中了

1 最后选择日期

13-2-5 按钮组件

　　表单中的按钮组件包括了"'重置'按钮"、"'提交'按钮"和"按钮"3种。"重置按钮"是当用户输入信息有错时，想要重新填写时，可单击此按钮重新设置，而"提交按钮"是信息填写完毕后，可将信息送出。如果还需要其他按钮的使用，则可通过"按钮"来设置名称和其动作，一般常用的是前两者。

步骤❶

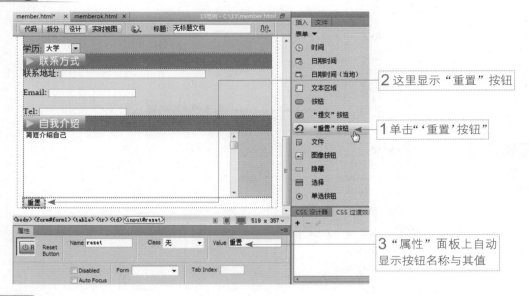

2 这里显示"重置"按钮

1 单击"'重置'按钮"

3 "属性"面板上自动显示按钮名称与其值

步骤❷

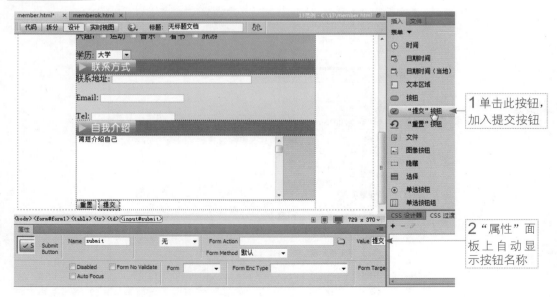

1 单击此按钮，加入提交按钮

2 "属性"面板上自动显示按钮名称

13-2-6　表单的提交设置

　　用户所输入的表单信息，还要通过服务器主机的程序及数据库软件，才能变成可以进行处理的信息内容。对于没有相关设备及软件的人，Dreamweaver 也可以让表单信息以电子邮件的方式传送，只要收信，就可以看到用户所填写的表单内容了。

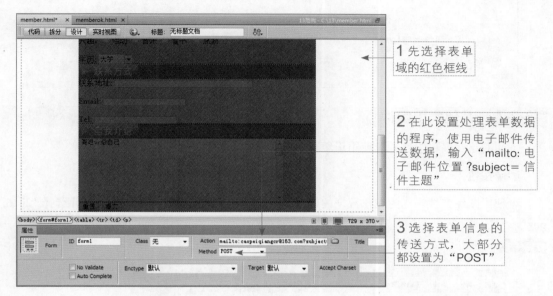

1 先选择表单域的红色框线

2 在此设置处理表单数据的程序，使用电子邮件传送数据，输入"mailto: 电子邮件位置 ?subject= 信件主题"

3 选择表单信息的传送方式，大部分都设置为"POST"

　　将表单的传送设置完成后，当用户在网页上输入完表单数据，单击"提交"按钮时，就会打开邮件程序，并显示所要传送的文本信息。

步骤 ❶

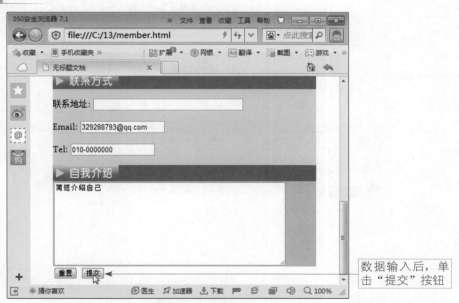

数据输入后，单击"提交"按钮

步骤2

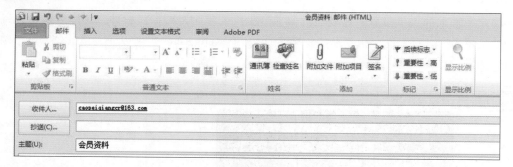

13-2-7　其他类型组件

下面的这些表单组件并非使用于填写信息，而是一些表单的辅助功能。

图像按钮

可使用图像文件来作为表单数据的传送按钮。打开范例文件"other.html"，并选择"list6. png"。

步骤1

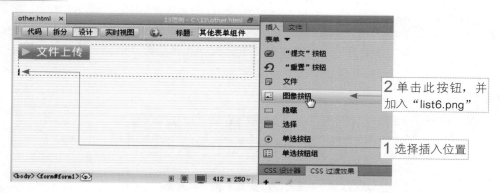

步骤2

域集

此组件并不是用来填写信息，而是用于将表单中的相关文本框内容进行分类，使表单内容更具有结构性。

步骤 ❶

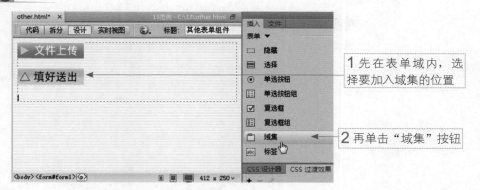

1 先在表单域内，选择要加入域集的位置

2 再单击"域集"按钮

步骤 ❷

输入字段集的标题文字后，再单击"确定"按钮

步骤 ❸

加入完成的域集

步骤 ❹

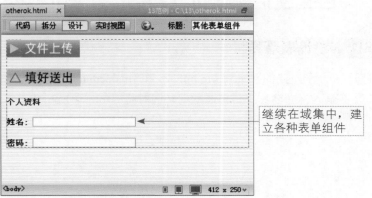

继续在域集中，建立各种表单组件

步骤 5

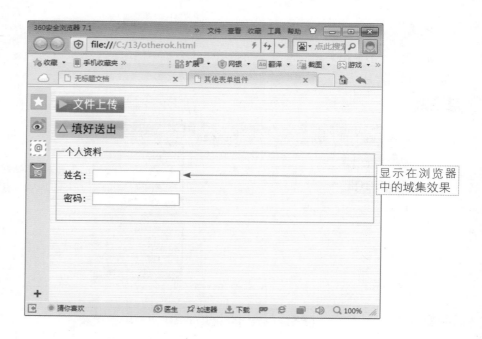

显示在浏览器中的域集效果

13-3 范例实战："讨论园地"页面设计

将"班级网站"中的"index.html"首页动画去除后，执行"文件/另存为"命令存储成"form.html"，这里准备要设计讨论园地的页面。

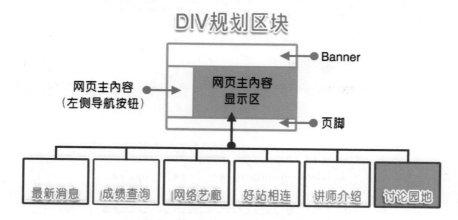

13-3-1 设计表单界面

打开"讨论园地"的网页"form.html"，在"maincontent"的标签内插入"结构"类型中的"标题 1"，并输入标题名称"讨论园地"，同时将"form_01.png"插入到标题下方。

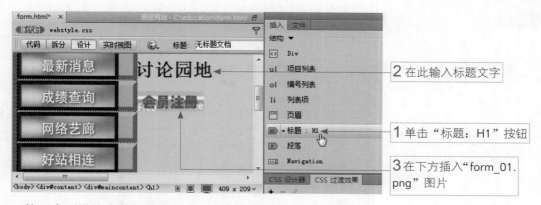

接下来要设计表单的基本内容，包括表单域、表格与文本。

步骤 1

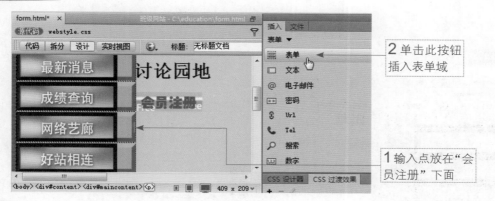

步骤 2

步骤 3

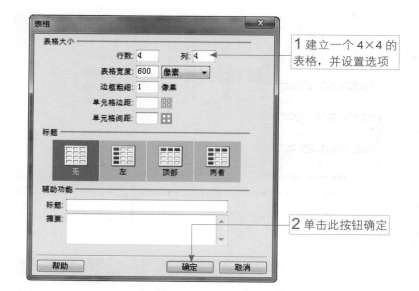

1 建立一个 4×4 的表格，并设置选项

2 单击此按钮确定

步骤 4

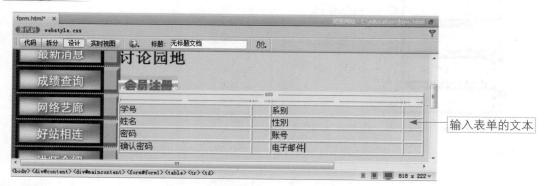

输入表单的文本

步骤 5

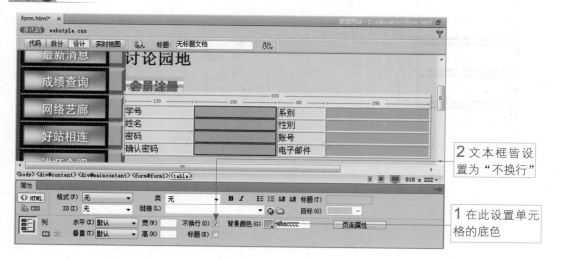

2 文本框皆设置为"不换行"

1 在此设置单元格的底色

13-3-2 加入表单组件

紧接着就是依序在单元格中加入表单组件，包括文本、选择、单选按钮等表单组件。

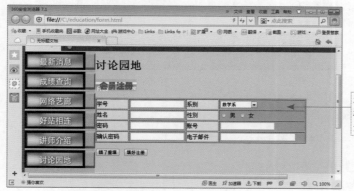

利用"插入"面板创建如图所示的表单组件

各表单组件的类型与属性设置如下：

"文本"组件

文本框名称	Name	Size	Max Length
学号	no	20	10
姓名	name	20	10
账号	id	20	10

"密码"组件

文本框名称	Name	Size	Max Length
密码	password	20	10
姓名	chkpass	20	10

"电子邮件"组件

文本框名称	Name	Size	Max Length
电子邮件	email	30	30

"选择"组件

步骤 ①

2 清除组件前面的文字

1 输入点放在"系别"之后的文本框，然后单击"选择"按钮

3 单击"列表值"按钮

步骤 2

2 单击"确定"按钮离开

1 单击"+"按钮依序添加项目标签及值

步骤 3

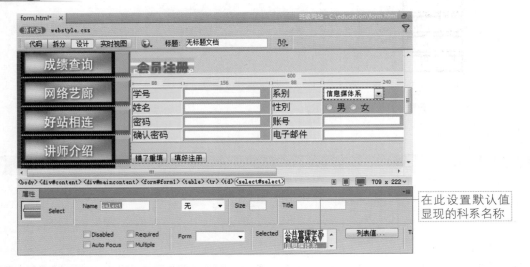

在此设置默认值显现的科系名称

"单选按钮"组件

文本框名称	Name	value	中文意义
性别	sex	man	男
性别	sex	woman	女

"重置按钮"组件

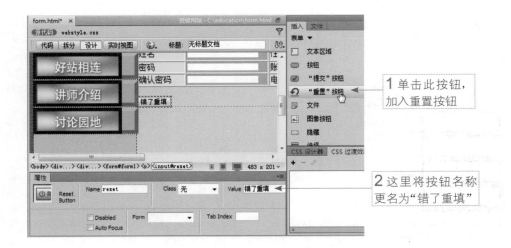

1 单击此按钮，加入重置按钮

2 这里将按钮名称更名为"错了重填"

"提交按钮"组件

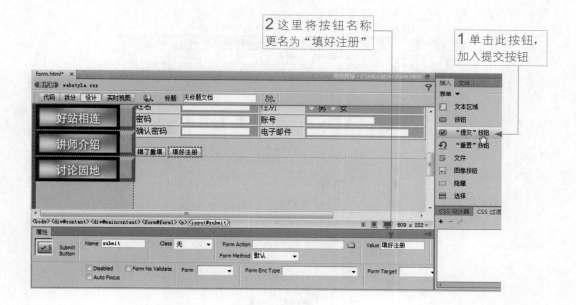

2 这里将按钮名称
更名为"填好注册"

1 单击此按钮，
加入提交按钮

课后习题与练习

判断题

1.（　　）所有表单组件都要在表单域内加入与设置。

2.（　　）在设置单选按钮时，每一组单选按钮中的名称（Name）都要相同。

3.（　　）表单信息必须通过服务器主机的程序及数据库软件，才能变成可处理的信息内容。

4.（　　）可以使用图像作为表单信息的传送按钮。

5.（　　）在表单创建的过程中，可以运用表格来加强排版效果。

选择题

1.（　　）具有单选功能的表单组件是？

　　（A）文本　　　　　　（B）复选框　　　　　（C）单选按钮　　　　（D）文本区域

2.（　　）下列哪项可将表单中的相关文本框内容进行分类？

　　（A）域集　　　　　　（B）组文本框　　　　（C）文本框组合　　　（D）文本框组

3.（　　）下列哪项的输入信息会以星号或●符号来传送？

　　（A）文本　　　　　　（B）文本区域　　　　（C）Tel　　　　　　　（D）密码

4.（　　）具有复选功能的表单组件是？

　　（A）复选框　　　　　（B）文本区域　　　　（C）单选按钮　　　　（D）密码

5.（　　）下面哪个表单组件具有清除填写信息的作用？

　　（A）送出按钮　　　　（B）重置按钮　　　　（C）按钮

练习题

打开范例文件中的 exp1301.html，并设计成如图所示的表单窗口。

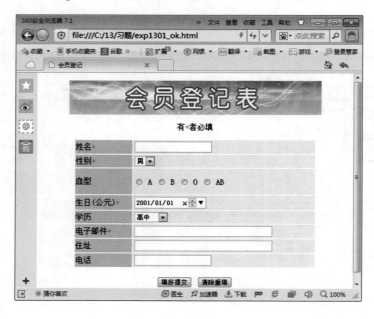

第14章 使用行为命令

内容摘要

　　为了让不熟悉 JavaScript 语言的用户也能设计出动态网页效果，Dreamweaver 将一些经常使用的页面效果，设计成各个功能命令，设计者只要直接应用就可以建立网页特效，既方便又快速。本章将介绍行为命令的基本概念以及面板各部分的功能，最后再带领大家熟悉行为命令的操作方式。

教学目标

- ★ 行为命令简介：了解"行为命令"，并介绍行为面板的各部分功能
- ★ 弹出式信息窗口：添加 / 启动行为命令、修改行为命令内容、行为事件解说
- ★ 设置状态栏文字：鼠标滑过时、鼠标滑出时、行为事件补充
- ★ 打开浏览器窗口：设置行为命令、相关设置介绍
- ★ 前往 URL
- ★ 交换图像效果
- ★ 自动信息窗口：网页加载时的自动信息窗口、网页离开时的自动信息窗口

14-1　行为命令简介

　　行为命令的出现可算是众多网页设计师的好帮手。在此之前，设计者若要让网页产生动态效果，或是与浏览者进行互动，都必须先学习 JavaScript 语法，然后再利用此语法来进行设计，如此不仅开发时间长，同时也让一些想要从事网页设计的人却步。基于上述种种原因，Dreamweaver 利用软件设计技术，将一些常用的网页特效及功能设计成一个个行为命令，让程序效果的使用变得和修改文字格式一样简单，而此章节便是要为大家介绍行为命令的各项功能。Dreamweaver 的行为命令有专属的工作面板，执行"窗口 / 行为"命令使打开"行为"面板，我们可以在此面板中对网页上的元素执行添加、编辑及删除行为命令。

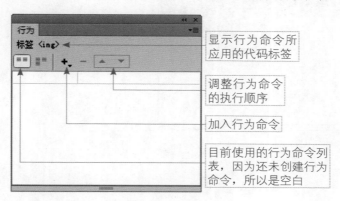

14-2　弹出式信息窗口

　　"弹出式信息窗口"可用来告知浏览者一些网站上的信息，属于最基本的行为命令运用。
打开范例文件"14_01.html"，双击网页上的图片后，会立刻弹出"弹出式信息窗口"。

14-2-1　添加与启动行为命令

　　先单击所要设置的图片后再来添加行为命令。

步骤 1

步骤 2

步骤 3

　　设置完成后按"F12"键来预览行为命令的效果。

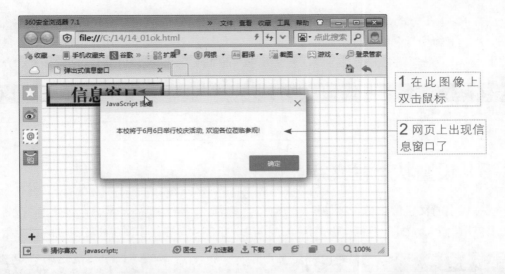

1 在此图像上双击鼠标

2 网页上出现信息窗口了

14-2-2 修改行为命令内容

如果想要重新修改信息内容，通过"行为"面板就可以进行修改。

步骤 1

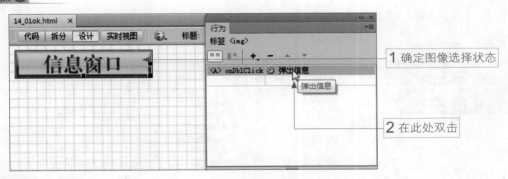

1 确定图像选择状态

2 在此处双击

步骤 2

2 单击"确定"按钮离开

1 重新修改消息正文

14-2-3 行为事件解说

在本小节中使用了"onDblClick"这个事件来启动行为命令。其实在 Windows 的操作中到处都充满了事件，当我们要结束某个窗口的操作时，都会单击"确定"按钮。要执行应用程序时，会在程序图标上"双击鼠标"来启动程序，因此可以将"事件"视为用来启动动作的方式。

同样的，在 Dreamweaver 中设置好要执行的"行为命令"后，也必须要指定一个"事件"，才能让"行为命令"开始执行，而"onDblClick"就是我们所指定的"事件"，让我们可以在图片上"双击鼠标"后打开信息窗口，下表中是"onClick"及"onDblClick"两种事件的介绍。

事件名称	执行方式
onClick	在设置行为的元素上单击
onDblClick	在设置行为的元素上双击

14-3　设置状态栏文字

状态栏上的文字信息是一种提供浏览者信息的方式，所设置的文字会在浏览器下方的状态栏上显示出来。先打开范例文件"14_02.html"，下表中是在本小节中所要完成的行为命令。

鼠标光标动作	浏览器界面上的变化
当鼠标滑过图片时	状态栏上会显示"鼠标滑入了"文字
当鼠标滑出图片时	状态栏上会显示"鼠标滑出了"文字

14-3-1　鼠标滑过时

首先设置当鼠标光标滑过（onMouseOver）图片上方时，会在状态栏上显示文字。

步骤 1

步骤 2

步骤 3

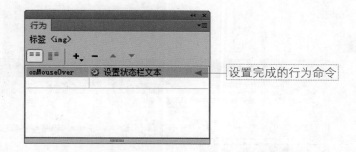

设置完成的行为命令

14-3-2 鼠标滑出时

接下来，再设置当鼠标光标滑出（onMouseOut）图片上方时，会在状态栏上所显示的文字。

步骤 1

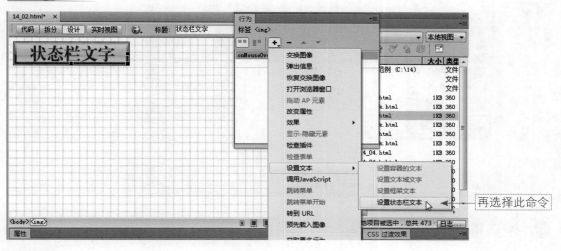

再选择此命令

步骤 2

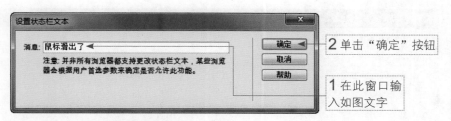

2 单击"确定"按钮

1 在此窗口输
入如图文字

步骤 3

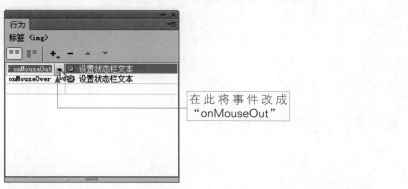

在此将事件改成
"onMouseOut"

设置完成后按下"F12"键来预览行为命令的效果。

步骤 ①

鼠标滑过图片时
的状态栏文字

步骤 ②

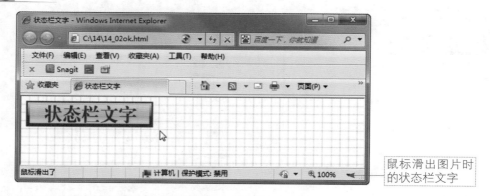

鼠标滑出图片时
的状态栏文字

14-3-3　行为事件补充

下面是有关鼠标光标的常用事件类型。

事件名称	执行方式
onMouseDown	当鼠标光标单击网页元素时
onMouseUp	当鼠标光标放开网页元素时
onMouseOver	当鼠标光标滑过网页元素时
onMouseOut	当鼠标光标滑出网页元素时
onMouseMove	当鼠标光标在网页元素的范围内移动时

"onMouseDown"是指鼠标单击后没有放开，"onClick"则是鼠标单击一下马上放开，这两个是不同的事件。像我们在单击表单上的按钮时，都是单击一下就马上放开，所以会使用"onClick"这个事件。而在拖曳画面上的图形时，就只有按住而没有放开，所以会使用到"onMouseDown"这个事件，大家不要弄混了。

14-4　打开浏览器窗口

打开浏览器窗口也是行为命令的一种，不过它可不只是打开画面那么简单，它还可以设置窗口画面的大小及是否显示窗口上的相关工具栏。

14-4-1 设置行为命令

先打开"14_03.html",这里我们将页面下方的按钮组件添加行为命令。

步骤 1

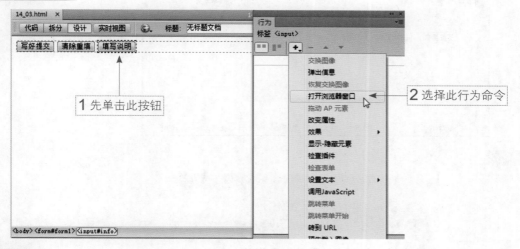

步骤 2

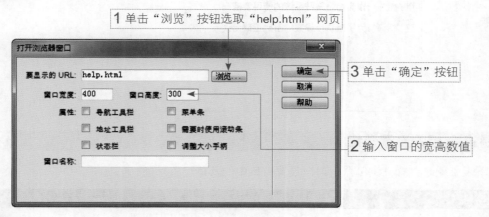

步骤 3

设置完成后,按"F12"键预览行为命令的效果。

步骤 **1**

打开浏览器，单击
"填写说明"按钮

步骤 **2**

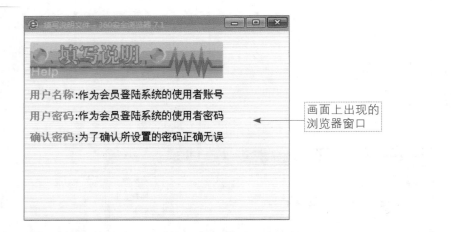

画面上出现的
浏览器窗口

14-4-2　相关设置介绍

下表中就是"打开浏览器窗口"设置窗口中的其他设置功能。

设置项目	作用
浏览工具栏	设置是否显示浏览器窗口上的工具按钮
位置工具栏	设置是否显示浏览器窗口上的网址栏
状态栏	设置是否显示浏览器窗口上的状态栏
菜单栏	设置是否显示浏览器窗口上的菜单
滚动条	设置是否显示浏览器窗口上的滚动条
更改大小控制点	设置此窗口是否可以自由缩放
窗口名称	设置窗口名称，以便使用 JavaScript 语言来进行控制

14-5　前往 URL

这个行为命令的功能是用于建立超链接，打开范例文件中的"14_04.html"。

步骤 ①

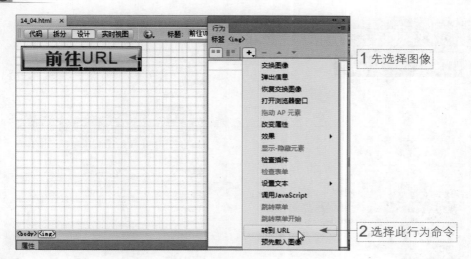

1 先选择图像

2 选择此行为命令

步骤 ②

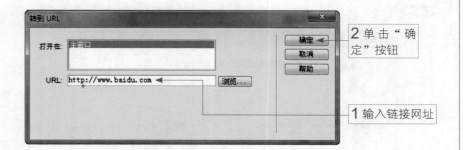

2 单击"确定"按钮

1 输入链接网址

步骤 ③

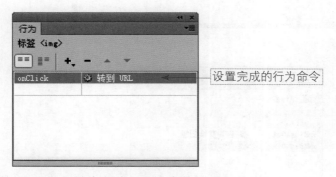

设置完成的行为命令

设置完成后,按下"F12"键来预览行为命令的效果。

14-6 交换图像效果

行为命令中的"交换图像"是用来设计动态图像效果。在此有个地方要提醒大家,使用"交换图像"行为命令之前,要先对设置的图像重命名,不然会产生失败的结果,打开范例文件"14_05.html"。

步骤 1

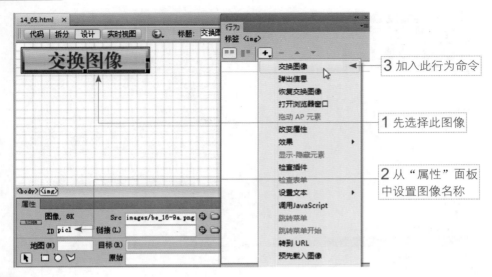

3 加入此行为命令

1 先选择此图像

2 从"属性"面板中设置图像名称

步骤 2

2 单击"确定"按钮

1 单击"浏览"按钮选择"be_16-9b"图片

步骤 3

设置完成的行为命令

设置完成后，按"F12"键来预览行为命令的效果。

步骤 ①

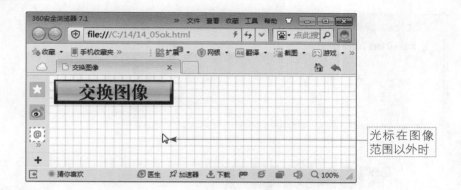

光标在图像
范围以外时

步骤 ②

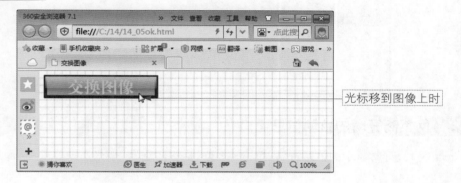

光标移到图像上时

14-7　自动信息窗口

在这个范例中，我们要设计出当网页加载或关闭时都会出现信息窗口。大家可以将此效果当作和浏览者打招呼的工具，先打开范例文件中的"14_06.html"。

14-7-1　网页加载时的自动信息窗口

先设计在网页加载时显示的信息窗口。

步骤 ①

2 加入此行为命令

1 先选择状态栏上
的 <body> 标签

步骤 2

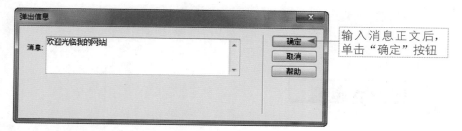

输入消息正文后，
单击"确定"按钮

步骤 3

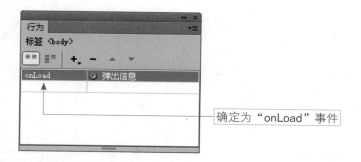

确定为"onLoad"事件

14-7-2　网页离开时的自动信息窗口

再设计网页离开时显示的信息窗口。单击<body>标签建立另一个"弹出信息"的行为命令。

步骤 1

2 加入此行为命令

1 先选择状态栏上
的 <body> 标签

步骤 2

输入消息正文后，
单击"确定"按钮

步骤 **3**

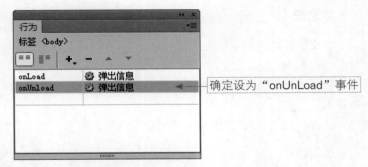

确定设为"onUnLoad"事件

这时按"F12"键开始进行预览，可以发现当网页加载时会弹出一个"信息窗口"，当网页关闭时则会跳出另一个"信息窗口"，这就是"自动信息窗口"的效果。

课后习题与练习

判断题

1. （　　　）"OnLoad"事件是指当网页载入完成时。
2. （　　　）要设置鼠标光标滑出时的效果，必须选用"onMouseOver"
3. （　　　）"事件"是用来启动动作的方式。
4. （　　　）"OnMouseDown"与"OnClick"具有相同的事件效果 .。
5. （　　　）行为命令中的"交换图像"功能，与"插入"面板中的"鼠标经过图像"功能是完全相同。

选择题

1. （　　　）可用来告知浏览者网站信息的行为命令？
   （A）交互式信息窗口　　　　　　（B）快显信息窗口
   （C）动态信息窗口　　　　　　　（D）弹出式信息窗口

2. （　　　）在设置行为的网页元素双击鼠标的事件是？
   （A）onClick　　　　　　　　　（B）DbClick
   （C）onDblClick　　　　　　　　（D）ClickDb

3. （　　　）打开浏览器窗口的行为命令，不包括以下哪项效果？
   （A）窗口的宽高尺寸　　　　　　（B）窗口的缩放调整
   （C）工具栏的显示　　　　　　　（D）窗口的显示位置

4. （　　　）属于鼠标放开的事件是？
   （A）onMouseUp　　　　　　　　（B）onMouseTop
   （C）onMouseDown　　　　　　　（D）onMouseMove

5. （　　　）要打开"行为"面板可执行哪个命令？
   （A）"窗口 / 行为"　　　　　　 （B）"面板 / 行为"
   （C）"查看 / 行为"　　　　　　 （D）"程序 / 行为"

填空题

1. 使用打开浏览器窗口的行为命令时，可以设置＿＿＿＿＿＿、选项栏、滚动条、浏览工具栏、位置工具栏及＿＿＿＿＿＿。

2. 设置鼠标光标滑过网页元素时，要使用＿＿＿＿＿＿的事件，若是滑出网页元素时，则是使用＿＿＿＿＿＿的事件。

3. onClick 是设置行为在网页元素上单击，而＿＿＿＿＿＿是设置行为在网页元素上双击。

练习题

打开范例文件"exp1401.html"，并且对页面中的图像建立"弹出式信息窗口"行为命令，信息内容则为"本系统订于 2 月 21 日进行维护，相关服务将暂停一天"，让浏览者单击按钮图像后就会弹出信息窗口。

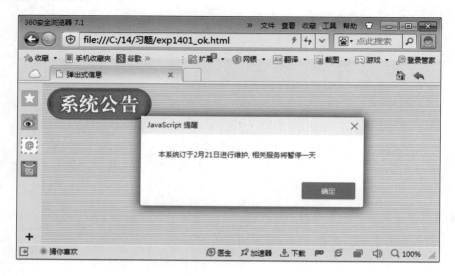